優渥叢書

全圖解

プレゼンは資料作りで決まる！

簡報的藝術

【復刻版】

留白・空格・用色，
讓視覺效果極大化的 100 個製作技巧！

天野暢子◎著　林佑純◎譯

簡報是一種引導決策者下決定的藝術

簡報的成敗關鍵，就在於內容

感謝你從眾多的簡報類書籍中選擇本書。相信很多人都希望能「讓提案快速通過」。

參考前輩提出的簡報，做了一份類似的資料，卻無法獲得上司認可。已閱讀相關書籍、參加研討會，努力學習製作訣竅，最後提案還是沒被選上……。你是否有這樣的煩惱？

這可能是因為，**你至今所學的只是如何「製作簡報資料」，而不是「製作『能讓提案通過』的簡報資料」**。

提到書面資料，大多數人會想到簡報資料或業務資料，將它視為簡報或業務活動的一部分。但其實，**書面資料可以代表整個簡報**。首先，提出的資料要受到認同，才能獲得現場報告的機會，最終在簽約及付款時，也必須附上佐證資料。也就是說，**如果書面資料製作完善，甚至不需要口頭說明**。

5項重點，決定提案能否通過

怎樣的資料能讓提案快速通過？書面資料是一種商用文書，

大致區分成**「必須按規定進行」**與**「可自由表現」**兩種。我在製作資料時，通常會站在決策者的角度，反覆思考下列五項重點。

提案通過的關鍵——GHOUS

- **目標（Goal）：這份資料會對什麼事造成什麼影響。**
- **親切（Hospitality）：貼近對方需求，可促使提案通過。**
- **原創（Originality）：展現資料的獨特性，容易被選上。**
- **實用（Usability）：重視資料對於閱讀者是否實用。**
- **簡化（Simple）：不試圖說服，而是讓閱讀者直覺接受。**

如果製作者沒有先掌握資料的目的，將無法順利誘導閱讀者達到目標。製作資料不只是文書工作，必須一開始就仔細思考，**這份資料將對什麼事造成怎樣的影響**。

第二步要了解，**資料的好壞與否，不是由機械系統來判斷，而是由有感情的人**。提供貼近對方需求的內容，能增加提案成功的機率。在書面內容上添加一些巧思，會更容易閱讀、加速理解。

接下來，不能只模仿他人製作的資料內容，要找出屬於自己的原創性，才能獲得閱讀者的青睞。另一方面，資料內容是否實用也十分重要。過於複雜的內容，需要花費很多時間理解，因此**製作資料時，最好讓對方只要做決定就好**。

最後一個步驟是簡化。資料內容最好是不需要說明，就能誘導閱讀者用直覺判斷，達到簡報的目的。

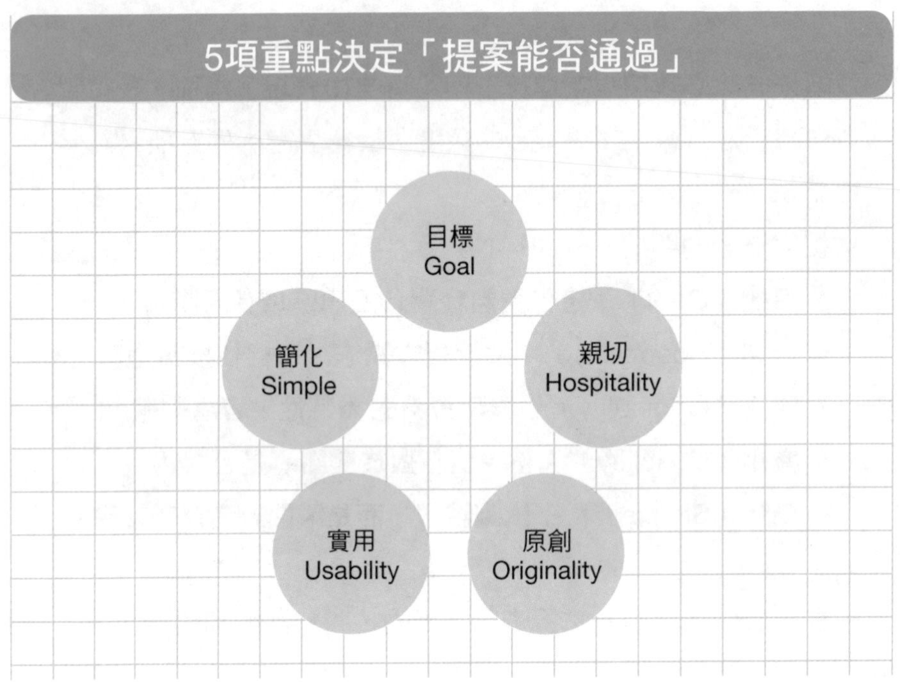

站在決策者的角度思考

近三十年來，我主要在大眾傳播業從事「資訊傳達」的工作。在廣告公司、廣告主企業及傳播媒體，有不少執行簡報與聽別人簡報的經驗。至今已提出不計其數的簡報資料，並有許多機會聽取他人簡報，吸收各種經驗。

我之所以精通製作簡報資料的訣竅，是因為**深知報告者與決策者的心理**。當有複數決策者時，我會仔細觀察、研究他人做決策時，採用什麼觀點，以及提出哪些說法。

思考「對方會有什麼需求，希望避免什麼狀況發生」，提出適合對方的簡報資料。以這樣的策略製作簡報很容易讓提案快速通過，可以大幅提升提案成功的機率。

6個步驟，輕鬆製作簡報資料

由於工作的關係，許多人問我製作簡報資料的訣竅。在教學相長的過程中，我發現許多人都煩惱「不知道該從何做起」。多數人在學校或公司裡學不到寫企劃書、製作書面資料的方法。因此，我思考如何將自己長年磨練出的資料力，深入淺出地展現出來。

我歸納出第10頁圖表的階梯式步驟，各位只要依序進行，就能掌握製作重點。

本書將詳盡介紹其中的細節。無論是製作什麼類型的資料，只要以「規劃資料格式→決定內容架構→編寫內文→調整視覺效果→編輯內容→最終確認」這六個步驟依序進行，就能完成一份讓提案快速通過的簡報資料。

用6W2H，做出完美簡報資料

上述所有步驟中，一開始的「規劃資料格式」最容易被忽略，但這個步驟是完成出色簡報資料的關鍵之一。

我擔任諮詢顧問，每天經手不少相關資料，發現在許多資料中，其實包含許多與判斷決策無關的訊息，有時就連簡報專家、製作達人所做的報告也不例外。**如果缺乏可供判斷的資訊，便很難讓提案順利通過**。所以在製作資料前，必須先確認6W2H原則。

假如省略以下任何一項因素，資料就會出現破綻，成為提案

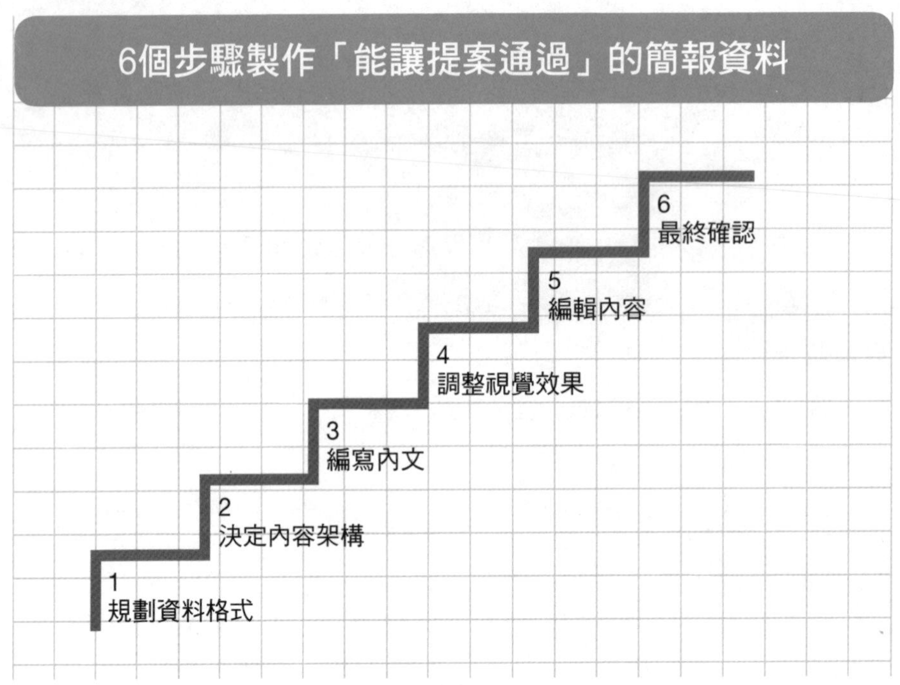

無法順利通過的原因。

6W2H：

- What：要做什麼？
- Who：由誰執行？
- When：到何時為止？
- Where：地點在哪裡？
- Why：為什麼這麼做？
- Whom：目標對象是誰？
- How：如何執行？
- How much：花費多少錢？

必須在確認決策方立場與資料需求類型之後，才開始製作資料。舉例來說，針對同一項產品，向A公司和B公司提案時，如果提出的資料內容完全一樣，將很難獲得青睞。

加強製作能力，才有信心面對更多挑戰

如同前述，GHOUS與6W2H是製作資料的基礎，本書將在各章節中，提及所述內容與兩者的關聯。而且，附上交出資料前的最終確認表、可同時用於Word及Excel的通用格式、具代表性的資料範本等。如果你缺乏實際製作經驗，不妨使用本書提供的方法，循序漸進地嘗試製作簡報資料。

加強製作資料的能力，就是培養逐步實現理想的能力。做自己想做的工作，能讓人感到充實，更有信心面對不同的挑戰。願本書能為你的人生，帶來令人欣喜的變化與機緣。

STEP 1

善用6W2H，整理篩選你蒐集的龐大資料

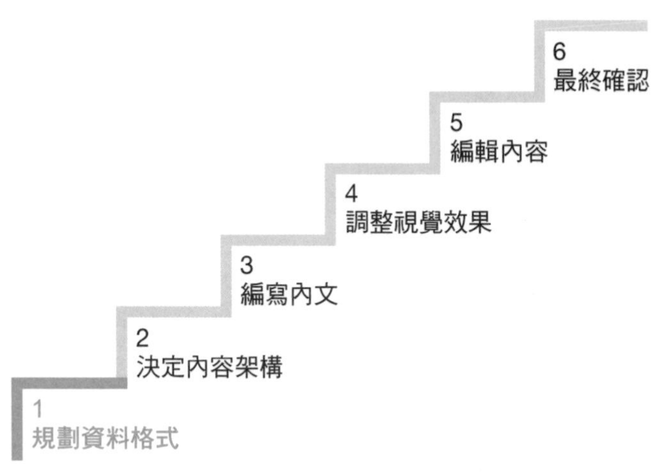

要做什麼——確認決策者到底要聽哪些資訊

What 要做什麼？

製作資料的目標，在於讓提案通過

一般來說，製作資料是為了引導對方做出決策。資料做得再怎麼仔細、精彩，如果無法通過上級的審核，就沒有任何意義。因此，一開始就列舉出做決策時可能需要的資訊，經過整理之後再著手製作。

透過6W2H，整理必要資訊

首先，我們可以運用6W2H，過濾相關的已知資訊。以通知公司例行會議，並統計與會人數的資料為例，可大致列舉出以下重點。

What（要做什麼？）：業務部例行會議

Who（由誰執行？）：總公司業務部的山中昌弘

When（到何時為止？）：5月23日（五）早上10點至下午3點

Where（地點在哪裡？）：總公司7樓B會議室

Why（為什麼這麼做？）：發表下半年度各分店預估營業額

Whom（目標對象是誰？）：各分店的業務部長

How（如何執行？）：全部的分店從北到南依序報告

How much（花費多少錢？）：出差費用由總公司負擔

決策重點會依照狀況和決策者的變更而有所不同。活用6W2H有助於列舉事項中的重點資訊，在這個例子中，最大的重點在於統計與會人數。為了避免有所遺漏或加入太多不必要資訊，可以在定稿前請人幫忙再檢查一遍。

公司例行會議通知的「6W2H」

2014 年 4 月 4 日
總公司業務部
山中昌弘

致各分店業務部長

5月份業務部例行會議通知

業務部即將召開五月例行會議，下列是會議資訊，懇請各分店業務部長出席與會。

■ 時間：5月23日（五）早上10點～下午3點

■ 地點：總公司7樓B會議室

■ 議題：1. 發表下半年度各分店的預估營業額。
2. 新年度招募應屆畢業生相關事宜。
3. 企業30週年紀念活動相關事宜。

■ 發表順序：從札幌分店開始，由北至南。

【其他注意事項】

(1) **請在5月19日（一）下午5點前**，確認當日是否出席，並直接回覆此信件。

(2) **發表用的檔案，請在5月20日（二）下午5點前**，以附件形式寄送給承辦人。附件的Excel檔案，請將檔案名稱變更為「英文分店名」（例：sapporo.xlsx）。

(3) 若有住宿需求，可申請由總公司負擔費用，請在回信中提出。

諮詢、回覆資訊

總公司業務部 山中
電子郵件 m-yamanaka@asuka-enj.co.jp
分機 3791

由誰執行——展現個人風格，也考慮使用者立場

Who 由誰執行？

→ 表現人格特質，加速提案通過

事實上，負責製作資料的人在著手進行準備時，應該先確認一點：實際使用資料的是「自己」或「別人」？

在公事上，許多時候會由部屬製作資料，提供上司閱讀或報告，我也有不少為上司或社長製作相關資料的經驗。

當同一份資料由幾個人分工完成時，可以從資料的作法，明顯看出每個人不同的性格。從排版到選用文字大小，都會表現出製作者的個人特質。因此，如果將自己在報告時會用到的資料，製作成較獨特的內容，個人的認知度也會隨之上升。**有時在資料中展現出的個人特質，也會成為加速決策的關鍵**。

→ 為他人製作資料時，要站在對方的角度

相反地，**當資料是提供給他人使用時，應該避免顯露自己的特質**。當一位二十幾歲的部屬，製作六十幾歲上司要使用的資料時，如果沒有多加留意，很可能會選擇年輕人慣用的插圖或詞彙。若考慮到實際使用者的年紀，在遣詞用字、語氣、顏色和視

覺效果上，都應該選擇符合其年齡層的用法。

所以，不僅要考慮到閱讀者、決策者的想法，也必須了解使用資料的人。由於資料是使用者的分身，因此為別人製作資料時，不能認為自己只是個「代打」，而要**站在使用者的立場來製作資料**，才能完成令使用者、決策者都滿意的內容。

到何時為止——訂定截止期限，以小時為單位

When 到何時為止？

→ 確定截止期限

製作資料之前，應該優先確認截止日期。製作的資料內容再怎麼優秀，只要趕不及在截止日前交出，就沒有機會獲得評價，簡單來說就是不戰而敗。

常聽到的要求可能是「盡量快一點」，但這樣的指示太過模糊。對有些人來說，「快一點」可以解釋成「三十分鐘以內」，對另一些人來說，卻可能是「這個禮拜之內」的意思。

不少人在拜訪客戶時，敲定了所有細節，卻唯獨忘記訂下截止時間。因此，在後續以電話或郵件確認行程時，請記得**除了截止日期之外，也要訂下詳細的時間點**。

→ 先排優先順序，再訂行程

確定截止日期後，要為工作排定優先順序，從截止日往前推算，計畫相關行程。

① 有不確定的地方，要積極詢問、再三確認。

② 與其他部門有關的業務，要確認對方的時間，再提出委託。

③ 事先預約會議室、印表機的使用時間等。

④ 相關費用需要提前申請。

⑤ 假日和晚間無法進行的查詢、採買等工作，要優先處理。

無論截止時間是當天或數週後，都可以依照上述步驟進行，再進入資料製作的階段。畢竟，苦心完成的資料，若因為時間分配不當，無法獲得應有的評價，是任何人都不樂見的狀況。

地點在哪裡——場合不同，資料類型隨著改變

Where 地點在哪裡？

→ 3種常見資料類型

一般來說，使用資料的方式大致可分成三種：①只在現場展示資料，例如會議的簡報投影片等；②在現場展示並配發資料，例如投影片與紙本資料等；③只配發紙本資料。實際動工前，應該確認要製作的資料屬於哪一種。

①是在現場展示的投影片，或是在現場提供、但開會後統一回收的紙本資料。採取這種方法，主要是為了保護該企業的機密情報。現場會以口述說明這種類型的資料，因此文字量通常不多。

②是除了展示資料以外，現場也會配發紙本資料提供參考，提高資訊傳達效率。與會者能透過紙本資料了解細節，報告者也能從投影片的照片或影片著手，吸引與會者的目光。

→ 內容要簡明易懂，讓初次閱讀者也零障礙

③是必須能獨立發揮功能的資料，因此在製作時，內容要簡明易懂，最好不需要說明也能夠理解。雖然可以現場口頭說明，

但這類資料著重於呈現不易產生誤解的訊息，因此紙本提供的資訊占了絕大多數。

一份好資料可以大幅節省說明的時間，就算輾轉傳到其他人手中，也具有一定的號召力，能產生事半功倍的效果。讓我們逐步學習，如何完成一份正確且具說服力的資料吧。

為什麼這樣做——不要忘記你背後要達到的目標

Why 為什麼這麼做？

→ 確定目標：什麼事、如何發展

製作的資料以什麼為目標，將決定最終是否能完成一份出色的資料。如果心裡沒有一個明確目標，**希望「什麼事」、「如何發展」**，就著手製作，很難達成理想的結果。絕大多數的工作都有一定的階段，各階段需要不同的資料協助說明，以加強對方的理解。因此，在一開始製作資料時，就應該決定現階段資料的目標。

→ 5步驟達到最終目標

提出所有資料後，必須在製作前設定一個現階段目標。舉例來說，某項工作有下列五個主要步驟：

目標1：加強客戶對我們公司及產品名稱的印象。

目標2：約定正式前往拜訪的時間。

目標3：確認客戶的預算。

目標4：回覆客戶的詢價。

經過上述的四個階段，最後才進行到：

最終目標：客戶訂購產品。

決定各階段的目標後，就可以思考，**以什麼樣的表現方法，能促使對方達成決策**。例如：解決客戶遇到的問題、傳達產品服務的賣點，或以各種手法進行促銷，引發顧客購買動機與欲望等。

目標對象是誰——了解決策者的背景資訊，以免自吹自擂

Whom 目標對象是誰？

→ 探聽決策者背景，做出能打動他的資料

誰會閱讀你製作的資料，並做出最後決策？如果對此毫無頭緒，資料很難打動人心。因此一開始製作資料時，就要徹底思考、了解決策者的背景資訊。

必須確認**決策者是一個人或複數，知道對方的性別、年齡、職業、職務、知識領域與相關經驗等，了解對方對什麼特別有興趣、排斥什麼話題，以及最終決策權在誰身上。**

面對不同年齡層的人，也要用不同方式。如果決策者是年長者，應該放大資料中的文字，或選用對方易於理解的詞彙，以便閱讀。

假如決策者是同公司的人，可以探聽對方的相關資訊。如果是直屬上司，就更容易掌握年齡、工作經歷、專業領域和家鄉等重要情報。若是其他分公司或部門的人，就算只是一些小事，也可以從同事中蒐集到資訊。

→ 透過想像側寫人物，抓住決策重點

另一方面，假如決策者並不明確，可以透過既有情報及想像力，進行人物側寫。推測決定權在誰手上，在腦海中想像那些人的特徵，尋找引導其下達決策的重點。

實際工作時，常有許多機會向沒有合作過的企業提案。遇到這種狀況，可以從官網查詢該企業的主要產品、事業規模和企業沿革等資訊。

即便無法完全掌握決策者的相關資訊，也能**憑著事前的調查與想像力，一定程度地推測出對方的特徵，調整製作方法**。

如何執行——不論紙本或電子檔，都用PDF儲存

H ow 如何執行？

→ PDF格式是檔案的最佳選擇

聽到「資料」這個詞，大部分的人會先想到實體紙本。但是，資料即便是以電子郵件、USB或雲端硬碟來儲存，也可以依據傳送的方式，分成兩種：①檔案資料、②紙本資料。

傳送檔案資料時，常遇到無法呈現原有效果的狀況，例如：對方打不開檔案、文字變亂碼、內文格式跑掉等。有時以全彩製作的資料，對方卻選擇黑白影印，或把單面的資料印成雙面，造成文字中斷、無法順利閱讀。為了將這樣的變因縮減到最小，**建議使用PDF格式，儲存製作完成的檔案**。

→ 留意細節，提高成功機率

紙本資料則需要留意其他細節。例如：投影片可能一個畫面只有一行文字或一張圖片，如果印刷成紙本，分量會十分驚人。**因此，紙本資料要製作成方便對方複印及攜帶**。

花費多少錢——預算要精準，因為成本考量是下決策的最終關鍵

H ow much 花費多少錢？

→ 影響決策的3個關鍵費用

左右決策的重要因素之一是成本考量。無論多麼出色的點子，若少了「費用」這項關鍵要素，便無法做出判斷。

費用可分為三種：①對方支付的費用、②免費、③對方獲得的費用，這些費用又稱為成本，是影響最終決策的重要關鍵。

①是對方必須負擔的費用，也就是需支付的成本。如果能以「定價是十萬日圓，不過我們願意以七萬日圓的價格提供」這類說法溝通，提供優惠的資訊，比較能打動對方的心。

②是沒有牽涉到金額成本的免費提案，像是縮短時間、減少需要的人力等。看不到實際金額、但能讓對方感覺獲得優惠的資訊，也可以作為一種成本。請別忘記，在資料上特別註明「免費」、「零花費」等強調的字眼。

→ 特別強調對方可獲利的金額

③是對方可獲取的費用，例如：「辦妥手續，最高可獲得十萬日圓的優惠」、「在幾號前，可以獲得三萬日圓的現金回饋」

等，都屬於這類費用，適合特別介紹和強調。

在引導決策的過程中，成本考量是大幅影響決策的重要關鍵。內容沒有必要像報價單一樣詳細，只要列出概況，讓對方得知相關資訊即可。

STEP 2

吸睛的版面與魔法數字，讓簡報展現獨特性

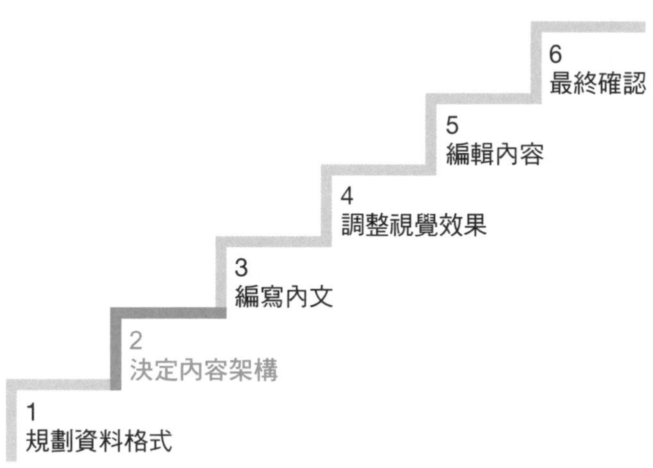

Goal 目標→如何蒐集相關數據？

大量採用數據和官方資料，讓論述更有力

W hat 要做什麼？

→ 更新數據資訊，有助於引導決策

製作資料是為了引導對方做決策，因此必須知道什麼是必要資訊。在動工之前，可以先從公司尋找一些可用資源，再活用於這次的資料中。但如果只是單純更新其中的訊息，還是屬於別人的資料，必須加上個人巧思才會有所進化，並且符合新的目標。

為了促使提案快速通過，最不可或缺的是說服力充足的統計資料。可以透過公司內部資料庫調查這類統計資料，舉例來說，假如找得到過去五年的營業額，加上今年的數據，就能完成一份明確的比較資料。

→ 活用外部數據資源

在數據資料中，更有說服力的是公家機關統計的外部資料。可以透過網路搜尋，除了主題關鍵字之外，加上「資料」、「數據」或「調查」等詞語，應該能找到相關數據資料，例如：「汽車□輸出□數據」（□是空白鍵）。許多企業組織會在網路上，提供可公開下載的PDF相關資料，因此以「主題關鍵字□PDF」

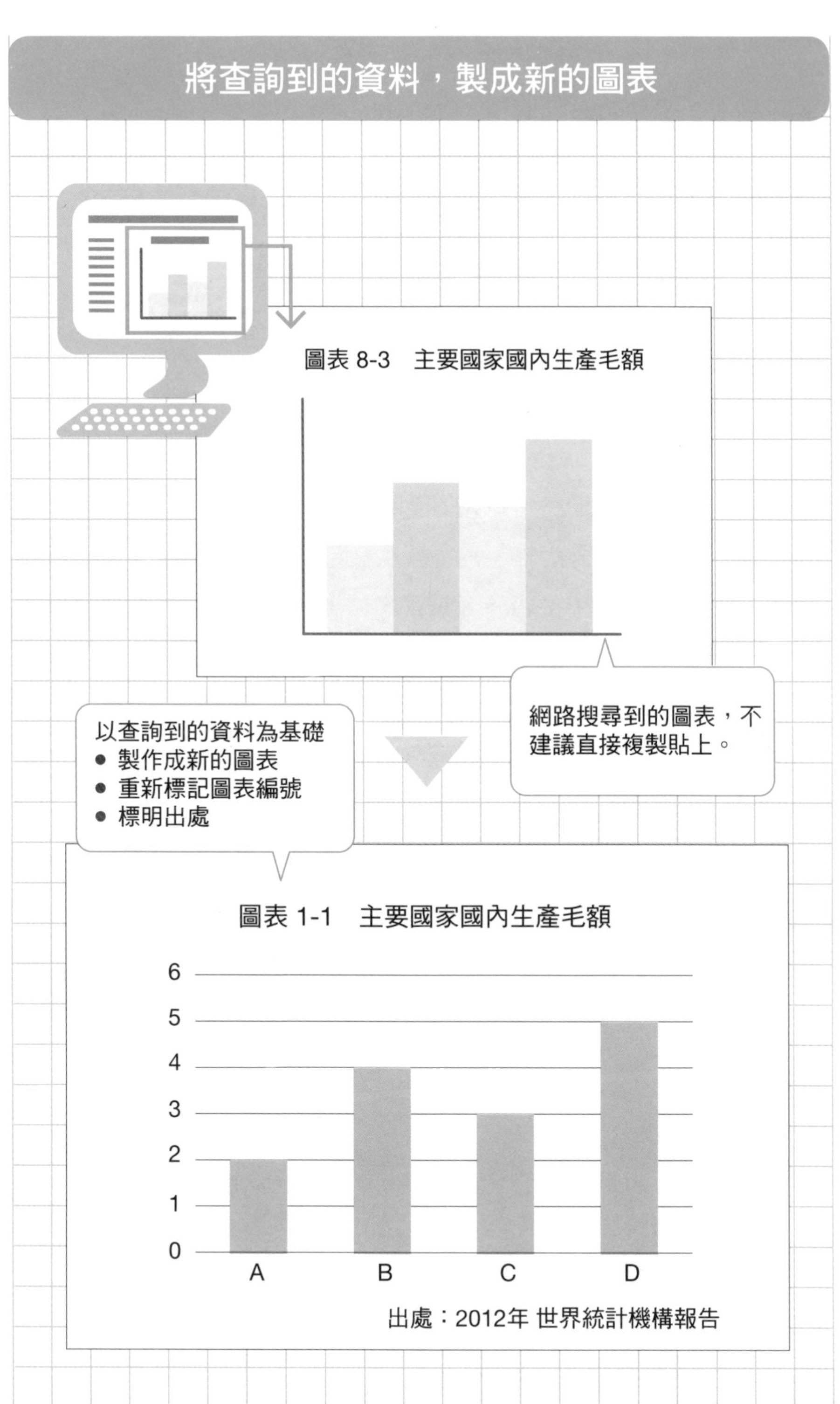
將查詢到的資料，製成新的圖表
圖表 8-3　主要國家國內生產毛額
網路搜尋到的圖表，不
建議直接複製貼上。
以查詢到的資料為基礎
● 製作成新的圖表
● 重新標記圖表編號
● 標明出處
圖表 1-1　主要國家國內生產毛額
6
5
4
3
2
1
0
A
B
C
D
出處：2012年 世界統計機構報告

來搜尋，常會有意外收穫。

有些人會直接將網路上的資料圖表，複製到自己的資料上。這可能觸及著作權方面的問題，而且在圖表編號沒有變更的狀態下，例如直接使用「圖表 8-3」，很容易讓閱讀者產生誤解。因此，建議重新製作一份新的圖表，並更改標題編號。

→ 官方資訊具有強大說服力

現今，透過網路可以搜尋到各式各樣的資訊，但切記網路上的資訊並不是絕對正確，也不代表全部。

可在圖書館和書店參考叢書、辭典、官方書籍等，從中尋找可用的資訊。**將學術書籍或論文列於資料後的參考文獻，會讓人聯想到權威及信任感，所以可以選擇官方文獻。**

此外，個人能掌握的獨家資訊也是很不錯的籌碼。例如：「我詢問周遭大約二十位的家庭主婦」，或是「部門內三年的出缺勤狀況」等簡單數據，也可以拿來活用。**與其使用隨處可見的大數據，少見且有親切感的數據，往往更受到重視。**如果能綜合既有資料和自己統計出的數據，並將其製作成表格或圖表，更能展現出你的附加價值，影響對方的最終決策。

POINT

- ▶ 加入官方資訊作為佐證。
- ▶ 提供獨家資訊，吸引決策者目光。

如何用「物質利益＋情感利益」，讓對方心動？

Whom 目標對象是誰？

→ 了解目標對象對什麼利益感興趣，就能正中紅心

能通過的提案，內容都具備「對客戶有多少利益」、「○○方面將有所改善」等訊息，這些訊息會讓對方對未來產生期許，成為決策的動力。例如：「**只要引進這項產品，就能節省企業近三〇%的電費。必定能為貴公司省下一筆可觀的開銷。**」這樣說可以讓對方實際感受到未來可能預見的利益，進一步加速決策，達成目標。

所謂利益，一般人可能會想到價格低廉或物超所值，其實不僅限於此。名牌商品之所以有價值，一部分原因就是它的價格昂貴，與一般品牌有所區隔。對減肥的人來說，少量且健康的餐點反倒更有吸引力。也就是說，**「利益」會依對象而有所不同**。因此，如果沒有掌握目標對象，了解對方對什麼樣的利益產生興趣，就無法完成一份正中紅心的資料。

→ 兼顧物質利益與情感利益

利益可細分為「物質利益」與「情感利益」兩種。**在商場**

上，通常以價格便宜、可縮減成本、最新產品等條件，作為物質利益的要素，因為這些條件直接關係到部門能否達成年度目標、至少確保最低銷售量等願景。此外，**有賺頭、能獲得肯定、有效解決問題等，也是物質利益的常見特徵**。

與其相對的是情感利益。面對工作，物質利益固然重要，但**決定事情的畢竟是有血有肉的人，而不是冷冰冰的機械或系統程式。在決策當中，必定包含人類的情感**。例如：「他好像不欣賞東京人」或「那個人特別喜歡紅色」等有關個人喜好的利益，有時也是考慮時的一項重點。**凡是能給予對方輕鬆、有趣、創新等正面感受的利益，都能歸納為情感利益。**

→ 如何找到吸引對方的利益誘因？

利益將直接關係到對方的決策，這是顯而易見的事實。但是，該怎麼找到能吸引對方的利益誘因？

首先，我們可以透過網路搜尋企業或個人名稱。如果對方是有一定活躍程度的企業或商務人士，大多會設立網站或部落格，因此可以在那裡查到基本資訊、照片、企業沿革和經營理念等，進而得知對方企業的利益傾向，例如：安全至上、價格低廉（物質利益），或企業代表色是水藍色和黃色、社長是職棒巨人隊的粉絲（情感利益）等。

如果對方是獨立的業界人士，也可以從Twitter、Facebook等社群網站著手，查詢對方的出生年月日、家鄉、興趣等資訊。

接下來，對應目標對象所重視的利益傾向，可以在資料中特別放入物質利益取向的文字，例如：「能減低三成事故率的新系

提示「物質」和「情感」兩面的利益

● 物質利益
（可視的效果）
- 價格便宜
- 縮減成本
- 有賺頭
- 能夠得到○○
- 折扣
- 免費
- 贈品
- 減少工作時間
- 不用自己勞心費力

● 情感利益
（無意識的心理效果）
- 喜歡
- 好看
- 有趣
- 新鮮
- 輕鬆
- 令人感到愉快
- 是什麼東西？
- 好奇
- 沉迷
- 無條件接受○○
- 省事

其他熱門利益選項

- 解決問題
（有效瘦身、考試合格、減少問題發生率）
- 獲得肯定
- 做出好成績、立下大功
- 吸引異性目光

統」、「營業利益率可望增加十五%的新菜單」等。或者，以對方企業代表色為主來製作資料。這種細微的調整，會讓對方產生情感利益的連結。

僅有物質或情感利益任何一項皆可，但如果能同時置入這兩項，會產生最好的效果。

POINT

- 明確表達提案能為對方帶來的利益。
- 搜尋資料，找出符合目標對象的物質利益和情感利益。

切記！「3」是最容易記住的魔法數字

What 要做什麼？

→ 項目標籤過多，反而更顯雜亂

如果想讓決策者知道許多訊息，但製作資料時不得要領，反而可能會因為內容過於龐大，讓對方無法掌握重點。因此，愈是必須傳達的重要訊息，愈應該在嚴選後簡化，再整理成重點。**具體來說，嚴選資訊的最佳方法是整理成三大重點**。

要記憶外來資訊，整理成三項重點是最有效率的方式。我曾細讀不少簡報製作的書籍，無論哪一位作者，都強調「三項重點是傳達資訊的基本原則」。

會把「三」稱作魔法數字的原因，在於它是一個能夠自立的數字。請試著回想相機的三腳架。椅子的四隻腳雖然可靠，但在山上、溪邊等斜面處，還是以三腳較為穩定。三是一個「最小的穩定數字」。

回顧我們熟知的數字表示法，許多理論或口號都是以「三種」作為表達重點。就連奧運與各種競賽項目，媒體也以獲得金、銀、銅牌的三位選手作為報導焦點。

→ 資料再多，也要盡量歸納成3項

有一次我參加某研討會時，聽到講師說：「這部分一共有十七項重點……。」這一瞬間，我心想：「怎麼可能全部記得？還是算了吧。」不知道你聽到後，是否也浮現同樣想法？人類面對四個以上的數字就會覺得複雜，很難在短時間內記住。

要如何將大量的資料彙整成三項重點？方法其實很簡單，只有三個步驟：**①將性質相近的資料，劃分成三種類別；②思考各種類別的特徵；③為三種類別各自命名。**

以大企業的員工為例，區分為許多職務，例如：研究員、系統工程師、業務、總務、會計、行銷人員等。將這些職務劃分成三種類別，就是開發部門、業務部門及管理部門。其中詳細的職務差異，必要時再進行說明即可。

即使原本內容只有兩項重點，應該再找出一項，規劃成三項重點來說明。

→ 3個字的組合，可提升認知度

在一些宣傳標語中，常見到諧音排列組合，這有助於重點式記憶。舉例來說，「顧客」、「人才」、「技術」這三個詞的開頭文字，可以組合成「顧人技」這個新名詞。

這個例子是出自某家企業，在宣傳標語中強調三項重要企業資產。最初的排列順序是技術、人才、顧客，我得知以後，主動向企業表示：「這樣很難讓人留下印象。」建議換個方式，以開

最小的穩定數字是 3

4

3

將資料劃分成 3 種類別，更淺顯易懂

商品一覽

個人電腦	智慧型手機	平板電腦
Windows 桌上型電腦	iPhone	iPad系列
Windows 筆記型電腦	Galaxy	Nexus7系列
Apple 桌上型電腦	Xperia	Galaxy系列
Apple 筆記型電腦		Xperia系列
		Kindle系列

頭文字組合成簡單好記的口號。

此外，像JAL、CAD等，**以企業英文名稱的單字開頭字母作為簡稱的方法，能有效協助記憶，提升品牌認知度。**

POINT

- ▶ 資料一定要列出三項重點。
- ▶ 思考易讀易記的三字簡稱。

模仿超市DM來分類資料，讓複雜報告變簡單

What 要做什麼？

→ 分類整理資訊，讓決策者感受你的用心

只是將許多資料陳列在閱讀者眼前，很難讓人產生共鳴。若為了理解資料要表達的內容，必須反覆閱讀多次，恐怕會折損做決策的動力。

超市傳單也會依照商品類別，分成肉類、魚類、蔬菜等區塊來介紹相關資訊。提供協助閱讀者易於理解的內容，是讓人感到親切感的第一步。

內容較多或較複雜的資料，應該花時間分門別類整理，再呈現在決策者眼前。例如，二十頁的新產品銷售計畫，就要分類為①新產品A的概要、②市調結果、③銷售企劃案等部分（章節）。基本上要像圖書館架上陳列的書籍一樣，整理成「大分類—中分類—小分類」，方便讀者找尋需要的內容。

→ 以目錄和篇章頁提示重點

翻開資料封面後，通常是目錄。**目錄的作用有如導讀，一開始就列出全體概要，讓閱讀者在腦海中先有個雛形。**

書籍中的章名頁，大多會以獨立頁面作為區隔，在資料中也可以採用這種作法，提醒閱讀者「接下來要進行不同的話題」。為了清楚說明正在進行的主題，所有章名頁都要標示：①實施內容、②主旨概要、③計畫排程、④概算費用，以及章節名稱，或變換章節名稱顏色。改變「從左至右排序」的流程圖顏色，就能使章名頁像書籍索引一樣，協助閱讀者確認現在進行到的部分。

變更主題顏色，可以清楚區隔章節內容的差異，例如：第一章的主題色是紅色，第二章是藍色。這種方法用在企業導覽等以單頁呈現的內容，能讓整體版面看起來更清楚分明。

→ 刪去非必要的資訊內容

只需加入能加速對方決策的要素即可。因此，請務必**先區分必要資料與參考資料之間的差異**。參考資料可以在最後以附註的方式補充，或做成別冊、附錄等，並在目錄及本文中標記「※有關○○的詳細內容，若有需要，請隨時向在場工作人員索取」等訊息。

POINT

- ▶ 分段介紹資料重點。
- ▶ 以目錄標明全篇重點。

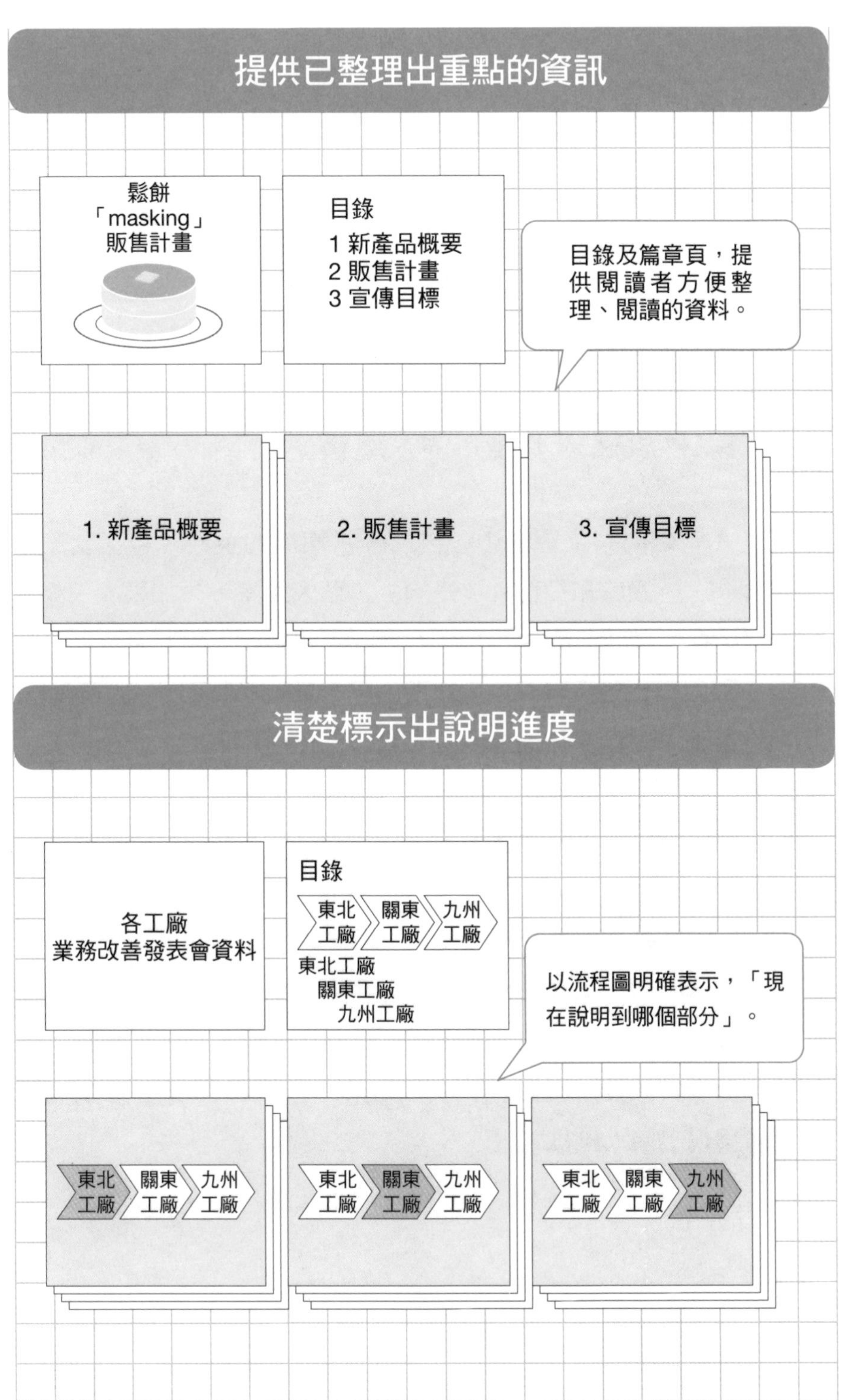
提供已整理出重點的資訊
鬆餅
「masking」
販售計畫
目錄
1 新產品概要
2 販售計畫
3 宣傳目標
目錄及篇章頁，提
供閱讀者方便整
理、閱讀的資料。
1. 新產品概要
2. 販售計畫
3. 宣傳目標
清楚標示出說明進度
各工廠
業務改善發表會資料
目錄
東北工廠
關東工廠
九州工廠
東北工廠
關東工廠
九州工廠
以流程圖明確表示，「現
在說明到哪個部分」。
東北工廠
關東工廠
九州工廠
東北工廠
關東工廠
九州工廠
東北工廠
關東工廠
九州工廠

套格式的排版樣式，還不如獨創自己風格

Who 由誰執行？

→ 以穩定排版樣式，建立個人風格

在基礎商業文書當中，自已經常使用的資料，包括企劃書（直向）、簡報和投影片（橫向）、個人檔案等，如果加入深具巧思的排版樣式，能讓閱讀者充分感受到製作方的個人特色。

你製作出的資料與他人有所區隔，展現獨特個性，能讓對方對你留下深刻印象，進而產生「放心交給這個人（這家公司），應該沒問題」、「製作出這種資料的人，蠻值得期待」或「我想跟這個人合作」等積極想法。

舉例來說，排版使用簡單的冷色系，給人精明幹練的印象；在標題等重點文字上使用暖色系，看起來有人情味；冷色系的文字，能讓字體看起來更加清晰，有強調重點的作用；粗體文字給人感覺強而有力；渾圓字體看起來親近等。

只要持續使用相似的排版及文字，久而久之，製作出的資料就能展現出個人風格。

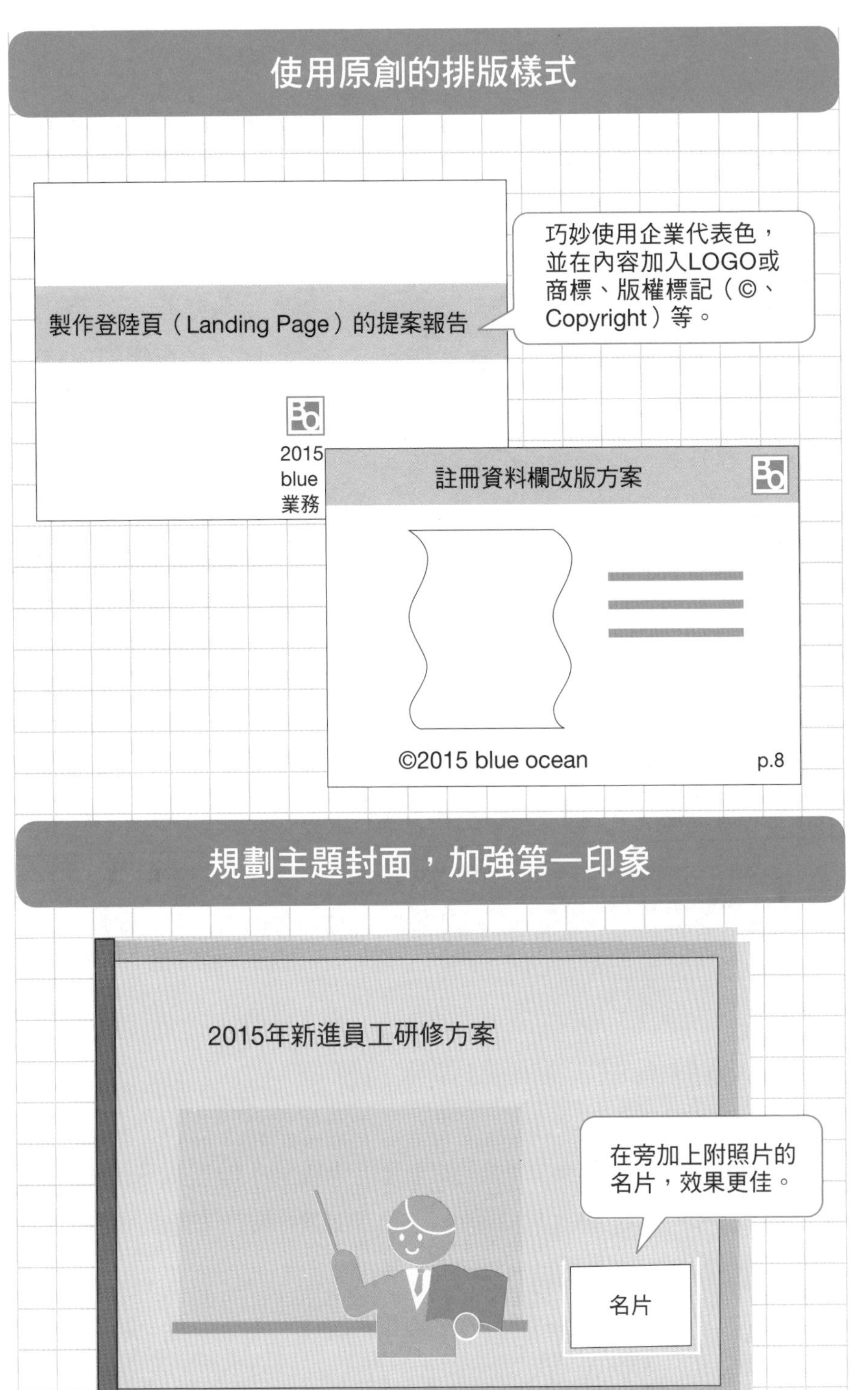
使用原創的排版樣式
製作登陸頁（Landing Page）的提案報告
巧妙使用企業代表色，並在內容加入LOGO或商標、版權標記（©、Copyright）等。
2015
blue
業務
註冊資料欄改版方案
©2015 blue ocean
p.8
規劃主題封面，加強第一印象
2015年新進員工研修方案
在旁加上附照片的名片，效果更佳。
名片

→ 慎選顏色和字體

每家企業都很重視「統一企業形象」這件事。因此，在製作資料時，建立獨樹一格的排版樣式非常重要。假如某間企業業務部與行銷部提出的資料，樣式和素質完全不同，則可能損傷整家公司的整體形象。

對方第一眼察覺到的是顏色。除了可以選用企業代表色作為主題色，LOGO或商標也是企業的一大象徵，請務必活用。

其次是改變字體、文字大小等，為內容增添更多變化，例如：主標題和副標題選用MS Gothic，本文使用MS Mincho，文字大小依序為32、28、12，文字顏色只使用黑色與代表企業的綠色和黃色，並加註版權宣告。同時，決定標明頁數、提案時間等項目的位置。

如果運用PowerPoint製作資料，可以使用「投影片母片」（Slide Master）的功能。Word與Excel則是在「頁首頁尾」的部分進行設定。只要建立這些模式，之後製作的新頁面資料，若有相同資訊就會出現在固定位置。

→ 別小看封面和文字風格帶來的影響

此外，封面和文字也能展現出自我風格。像是最先看到的封面、內容的主標題與副標題，以及照片或插圖，都會影響閱讀者對這份資料和製作者的印象。

之前，我將書籍企劃書送交出版社時，附近的書局剛好只有販售封面有名片欄的透明資料夾，因此我在裡面放了張有大頭照的名片，這讓出版社人員印象深刻，甚至有人曾經對我說：「這一看就知道是天野小姐的資料！」

已決定的排版樣式，至少要持續使用一年以上的時間。如果中途不斷改變，就失去訂立風格的意義，因此從一開始就要用心設定排版樣式。

POINT

- 選定排版樣式，塑造出資料的個人風格。
- 資料中的許多細節，都是最佳表現機會。

文字直排橫排有學問！最重要是考量閱讀是否方便

Why 為什麼這麼做？

→ 直向與橫向資料的差異

基本上，資料格式可大致區分為四種：①直向橫書、②橫向橫書、③直向直書、④橫向直書。

①大多使用於會議紀錄、正式報告與一般商用文書。②活用於企劃提案、簡報等。③是公文、小說、國文教科書普遍使用的格式。④是年表、流程表等的代表格式。

基於上述緣由，**不同用途的資料所適用的格式也大不相同**。如果無視其中規則，會對資料的使用者及閱讀者，造成許多不便。舉例來說，文字較多的資料如果以橫向橫書的格式呈現，一行中的文字量通常會太多，換行時可能會找不到接續的文字位置。

當使用PowerPoint製作資料時，通常會先考慮橫向橫書的格式，但其實也可以製作成直向。製作成橫向的最大原因，在於投影布幕大多是以橫幅為主。

先前我參加某場座談會時，有位講師表示PowerPoint無法製作相關主題資料，因此直接投影Word製作的橫向資料，這著實令我感到驚訝。使用Word製作的投影片，不僅在操作換頁時很麻煩，而且台下觀看的人也得忍受被壓縮過的寬幅文字。這種狀況就是製作資料時，欠缺體貼閱讀者的心。

有些人認為，只是印刷方式不同，沒什麼大不了。**但是，當對方必須閱讀許多內容時，交出不便閱讀的格式將會瞬間被判出局。**

雖然資料內容十分重要，但如果在製作時能考慮到使用、閱讀的流暢度，這份認真面對工作的態度，將成為判斷一個人能否勝任工作的重要基準。

→ 直書的注意事項

許多人使用電腦製作資料時，習慣以橫書打字。其中，以桌面出版（desktop publishing，簡稱DTP，意指透過電腦等電子方式，進行平面媒體的編輯出版）的程序來說，原本的橫書文字最後可能以直書出版，所以會產生排版上的差異。

首先，必須預留資料的裝訂空間。橫書資料的裝訂大多在左側，而直書大多在右側，因此在製作時必須預先考慮裝訂邊的差異。另一點則是英數字的表現法，例如：橫書的年號以2015年來表示，但直書會調整成「二〇一五年」。橫書的No.1若換成直書，要以「No.」、「1」來表示，還是一開始就用「第一名」來敘述，在書寫時要注意這類細節。

→ 裝訂邊位置

當直向資料中穿插幾張橫向資料時，閱讀者必須將整份資料轉向才能繼續閱讀。我經常看到雙面印刷的傳單，正面是橫向，背面卻是直向，不管從哪一面開始看，都必須轉過90度才能繼續閱讀，這種呈現方式實在算不上親切。

有時候，因為資料形式或格式上的限制，可能會在直向資料中加入一些橫向資料。**在製作資料時，應該避免將這類格式方向不同的資料，交錯編排在一起**。如果迫不得已必須編排在一起，不如化為圖表來解說，或乾脆縮小整張資料，編排在不同格式方向的頁面中。雖然原本的資料大小會受到影響，但總比方向錯縱複雜的資料容易閱讀，整體感也較穩定，才能產生加分效果。

POINT

- 選擇適當的印刷方向，是重要的工作技能之一。
- 避免交錯編排格式方向不同的資料。

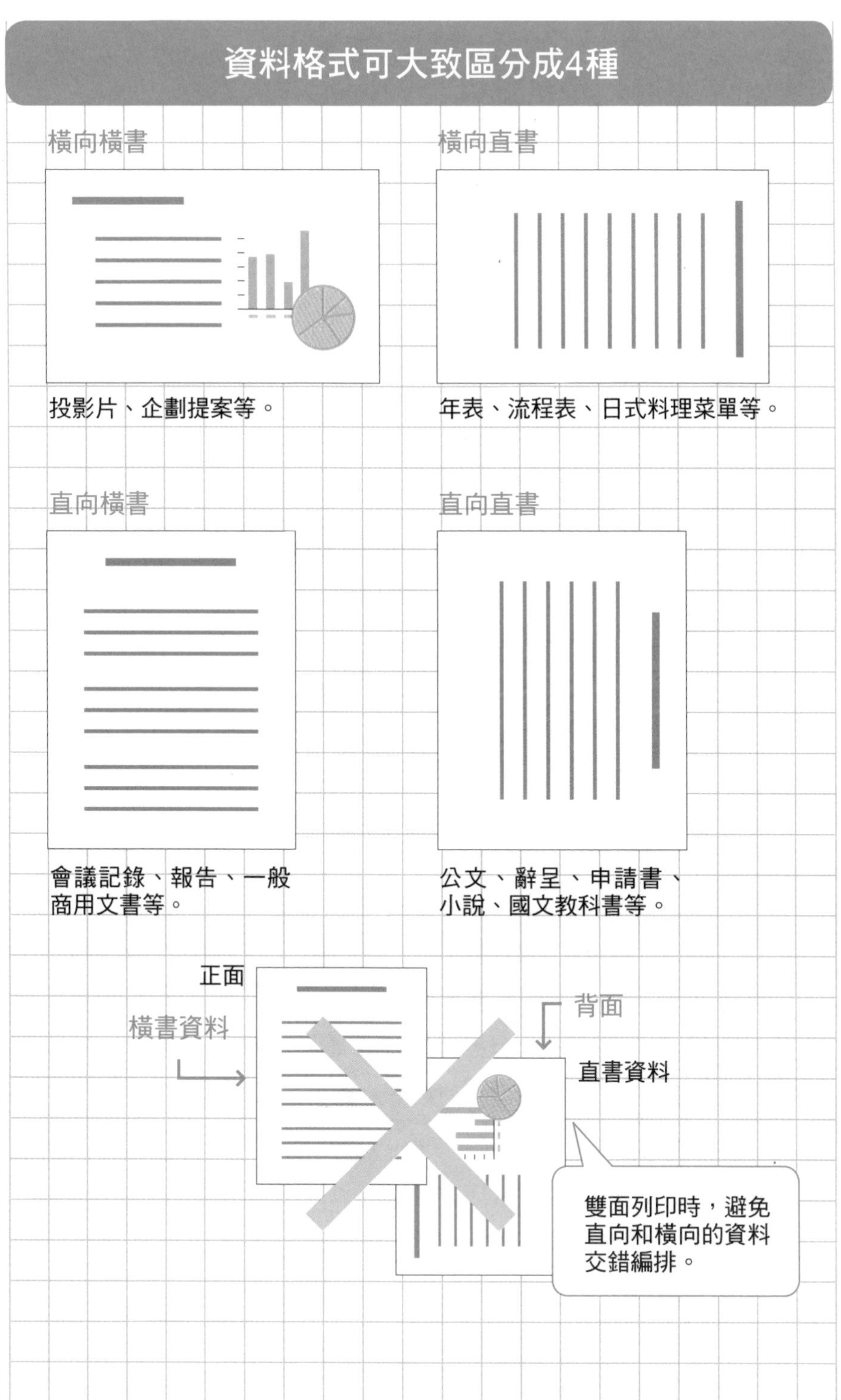
資料格式可大致區分成4種
橫向橫書
橫向直書
投影片、企劃提案等。
年表、流程表、日式料理菜單等。
直向橫書
直向直書
會議記錄、報告、一般
商用文書等。
公文、辭呈、申請書、
小說、國文教科書等。
正面
橫書資料
背面
直書資料
雙面列印時，避免
直向和橫向的資料
交錯編排。

簡報10頁以下最理想，最好能讓對方數秒就掌握內容

When 到何時為止？

→ 資料愈精簡，勝出率愈高

用於做決策的資料頁數，通常**是十頁以下最理想，因為可在數秒間翻閱整體資料，並且掌握重點**。對於閱讀者來說，一份資料的頁數是愈少愈好。

在一份資料中，如果能看到整理過的精簡重點，或自已想知道的重要資訊，會令人感到格外愉快。在現代社會裡，端出大量資料已很難獲得肯定，能在多短的時間內傳達多少重點，才是多數人重視的素質。

在運用PowerPoint製作的資料中，有些專家大約能一分鐘報告〇・六至一頁的內容。事實上，每頁的文字內容與報告時間並不成正比。有些加入影片或動畫的頁面，為了吸引聽眾注意，一頁可能只有一行文字。再者，不能保證閱讀者會每字、每句仔細看。特別是，當對方面對數量龐大的資料時，有時只會花十至十五秒，也就是一支廣告的時間，來快速翻閱資料，並下達最終決策。

有些人只能利用通勤或出差時間閱讀，若是分量多達幾十頁，對方連帶在身上都嫌麻煩，更別提仔細閱讀了。

→ 整理資料要有斷、捨、離的果斷

雖說資料頁數愈少愈好，但若是過度執著於精簡，將所有資訊濃縮在單張頁面中，反而會造成反效果。舉例來說，報告業績時，如果硬將銷售額圖表和獲利圖表擠在同一頁面，會使版面看起來雜亂不堪。不應該只將重點放在縮減頁數，還必須減少行數、圖表、照片等視覺效果。

→ 以一張A4呈現企劃最為理想

我曾聽NHK的工作人員提到，當要製作新節目時，導播必須以一張A4紙完成相關企劃書。提案人員可能有數十位，如果各自提出複數的企劃案，總數可能高達百件以上。因此，頁數限制或許可視為理所當然。

當我預測一個企劃的潛在競爭對手較多時，會**刻意以單頁企劃書一決勝負**。為了精簡成單頁，必須整理所有資訊、訂定引人入勝的標題、讓視覺效果簡單明瞭等，這些細節都不可或缺。

POINT

- ▶ 頁數與簡報的時間不構成正比。
- ▶ 資料的頁數愈少愈好。

單頁企劃書（A4），大幅減輕決策者的負擔

×
明年度招聘計畫企劃書
大量的資料已很
難獲得肯定。
○
兩個月內完成招聘計畫
的新人資管理系統
統整成單頁資料，對閱讀
者來說比較友善，工作能
力也較易獲得認同。

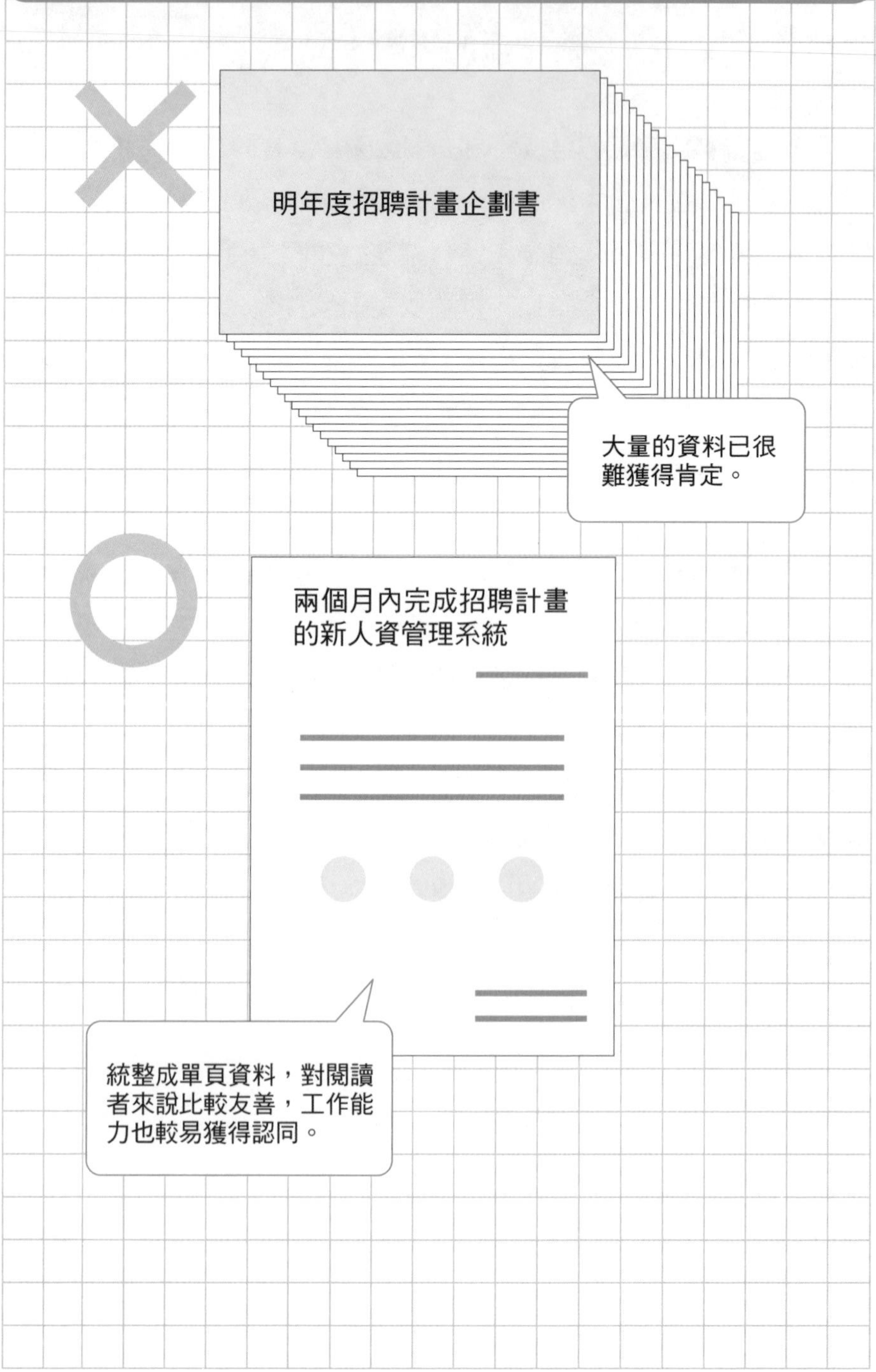

Usability 實用→是否預留方便閱讀的空間？

30%留白最能凸顯重點，因為顏色花使聽者心情躁

Whom 目標對象是誰？

→ 設定留白空間

要製作一份讓目標對象能瞬間掌握重點的資料，有相當高的機率取決於頁面中的空白比例。如果想讓對方迅速掌握重點，必須考慮實用性，事先預留空白的空間。

想在頁面的上下左右四邊界預留空間，可以在版面設置的「邊界」或「自訂邊界」進行微調設定。通常必須在資料上方和左側預留裝訂空間。如果是較高檔的廣告，大約有七成空間都是空白，**但在製作商用文書時，預留約三成的空間即可**。

另一個方法是將行距放大。運用Word時，可以在「段落」找到相關功能，或善用「Enter」加入空白行，拉寬文字間的距離。除了以字元數微調，也可以使用▽△按鈕來選定所需距離。使用PowerPoint的文字方塊鍵入文字時，只要按下「Shift＋Enter」快速鍵，就能縮短換行時的行距。

→ 在重點文字間加入空白

在文字之間加入空間，具有強調內容的效果。舉例來說，

「負責人：鈴木惠美子」這段文字，可修改成「負責人：　鈴 木 惠 美 子」（名字前加入全形空白，名字之間加進半形空白）。

要注意的是，並非只要有空白就好。請在「字距調整」中選擇「自動微調」，嘗試拉開文字之間的距離。**在具有特殊意義的重點文字當中加入空白，才能充分發揮空白鍵的效果。**

➔ 紙本資料以白底為主

在運用Word或Excel製作的商用文書當中，很少會著重於背景（顏色或紙質）的設定，但在運用PowerPoint製作的資料中，卻時常看到標準格式搭配五彩繽紛的背景顏色，甚至是圖案。選擇適當的背景色能凸顯文字內容，但如果資料需要印刷出來，分配給在場聽眾，我建議背景以白色為主。

以報紙和教科書為例，不難發現印刷品是以白底黑字為主流。背景若是太過繽紛，會妨礙閱讀。此外，有背景的頁面在印刷時，上下左右四個邊界會產生空白，邊界若是沒有對齊，會嚴重影響整體版面配置。彩色背景經過黑白印刷後，顏色的強弱會產生落差，造成反效果。用心製作的重要資料，如果因為背景而難以閱讀，就本末倒置了。

POINT

- ▶ 利用空白鍵、段落間距、字距調整，規劃文字間的距離。
- ▶ 不使用任何可能妨礙閱讀的背景色或紙質。

「運用空白」的專業技巧

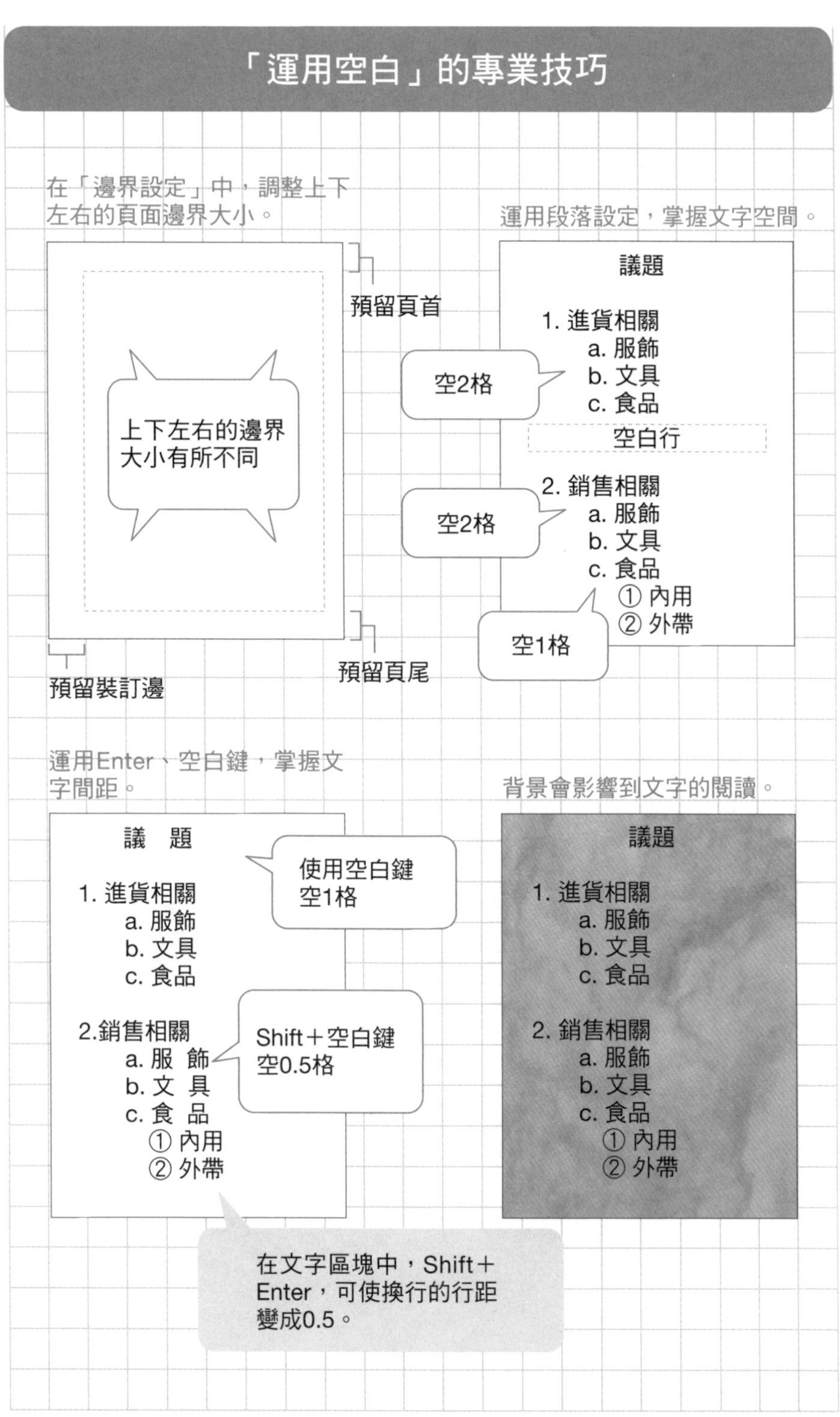

在「邊界設定」中，調整上下左右的頁面邊界大小。
預留頁首
上下左右的邊界大小有所不同
預留頁尾
預留裝訂邊
運用段落設定，掌握文字空間。
議題
1. 進貨相關
a. 服飾
b. 文具
c. 食品
空2格
空白行
2. 銷售相關
a. 服飾
b. 文具
c. 食品
① 內用
② 外帶
空2格
空1格
運用Enter、空白鍵，掌握文字間距。
議　題
1. 進貨相關
a. 服飾
b. 文具
c. 食品
2.銷售相關
a. 服　飾
b. 文　具
c. 食　品
① 內用
② 外帶
使用空白鍵空1格
Shift＋空白鍵空0.5格
在文字區塊中，Shift＋Enter，可使換行的行距變成0.5。
背景會影響到文字的閱讀。
議題
1. 進貨相關
a. 服飾
b. 文具
c. 食品
2. 銷售相關
a. 服飾
b. 文具
c. 食品
① 內用
② 外帶

Goal 目標→備妥所有材料嗎？

先擬訂設計圖再處理細節，以免重複做白工

How 如何執行？

→ 讓資料最終型態「可視化」

蒐集資料、掌握決策者的利益取向、決定包含圖表和空白比例的版型、考量適當的資料量等，如果以做菜來比喻，只不過是尋找食材的階段而已。實際進行調理，還需要準備食譜與材料。蒐集的資料要用什麼順序呈現、如何進一步處理，都需要擬定草稿，也就是能讓最終型態「可視化」的設計圖。

首先，**依序列出想加入的資訊，以及決定資料用紙的大小和方向等細節**。接下來是分配頁數。在擬定設計圖的階段，可以選購市售的四格框架報告用紙或筆記本，在不同頁數填上想編寫的重點。也可以將預計使用的圖表、插圖、表格等項目，大致畫在紙上。

決定總頁數和頁面分配之後，應該能推測出製作資料需花費的時間。舉例來說，製作十頁資料需要的時間，是五頁資料的二倍。這樣估算能確保作業順利進行。

先從規劃設計圖（草稿）開始

封面

・標題
・產品照片
・提案者姓名

訂定價格的標準

・類似產品的價格調查表
・產品照片

1

說明產品名稱

・說明內容
・得獎者資訊

2

客群預測

・客群屬性圓餅圖
・分析文

3

準備好相關材料，再開始編輯內容

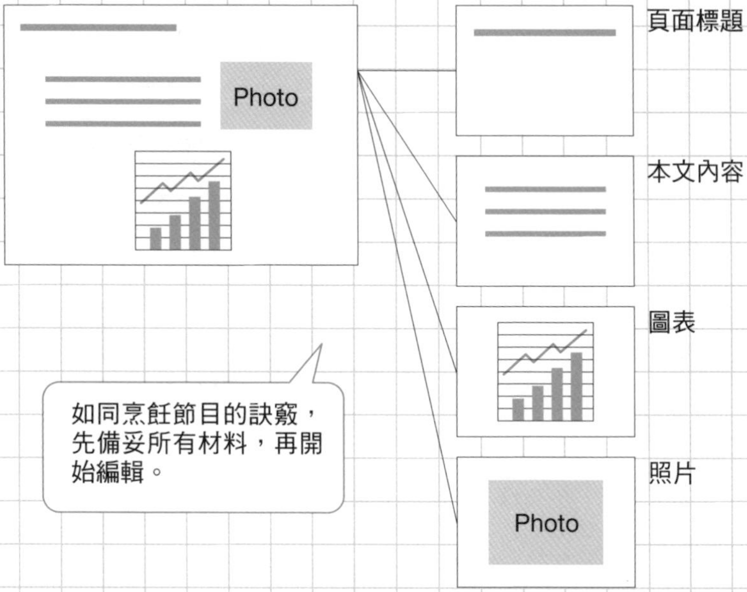

Photo

頁面標題

本文內容

圖表

照片

Photo

如同烹飪節目的訣竅，先備妥所有材料，再開始編輯。

→ 利用PPT或小卡片檢視流程

在這個步驟，我最常用的軟體是PowerPoint。從封面到提案內容、對照檔案、實例等，每個頁面想置入什麼資訊，可先用文字簡單列舉。如果發現順序不對或太冗長，可以變更或刪除。在PowerPoint上市之前，我都是用小卡片或便條紙來計畫草稿，檢視整體流程。

→ 規劃好頁面，才開始動工

STEP3之後介紹的內容，都是在加入各頁面後才進行修改與調整。也就是說，要在完全**備妥材料之後，才能進展到加工處理的階段**。

假如仔細做完一頁後，才開始尋找下一頁可用的材料，可能會發生中途察覺錯誤，想修正卻時間不夠、趕不上截稿日期、必須交由另一個人接手或聯手趕工的狀況而浪費更多時間。若一開始就備妥所有材料設計圖，就算多人共同製作也沒有問題。

在編輯時要活用「佈景主題」的功能，便能以一鍵設定字體大小、顏色，以及其他排版效果。

POINT

- ▶ 編排完設計圖之後，再開始編輯內容。
- ▶ 在各頁面中加入材料之後，再依序進行修飾。

Note

STEP 3

文案力，
決定你的報告是否夠犀利

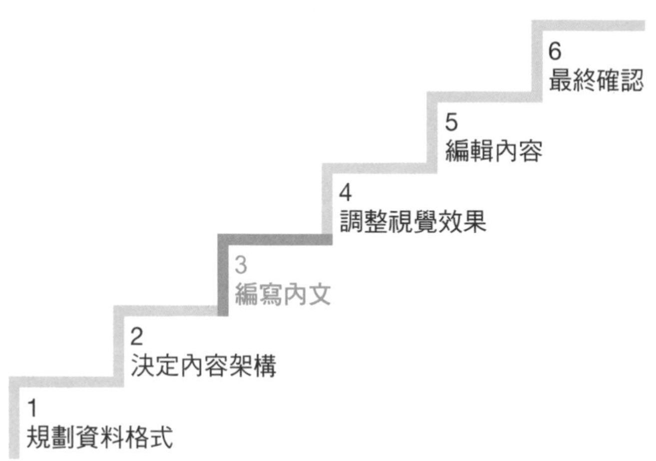

一開始就破題，是為了……

What 要做什麼？

→ 別光說自己想說的，破題得揣測對方心思

在文章一開頭就說出結論，是面對行程繁忙的上司時，能有效推進決策的一種手段。**畢竟，無法保證對方一定會將精心製作的資料看到最後。所以要在文章開頭，就寫出最想表達的重點和概要，來加強與決策的連結。**只要遵守這一點，即便對方只看到一半，對結論也能有個底。

特別要注意的是，**破題的內容不能只是自己想說的話，而是要預測對方可能感興趣的訊息或結論**。舉例來說，對於新產品的提案，員工可能有滿腹熱忱想分享心得，但是忙碌的上司最想知道的不是開發過程或個人觀感，而是商品名稱、概要與開發預算等，因此提案者必須在開頭就提出重點。

→ 先總結，再談起承轉

我們都聽過作文的經典架構「起承轉合」，商用資訊卻不適用此架構。一部精采的推理小說，往往在最後關頭才會揭露犯人的真面目，但**一份優秀的資料是一開始就宣告「○○是犯人」，**

才慢慢進入解謎過程。

舉例來說，若是提案將照片數位化的新產品，可以在一開始將標題訂為「五千日圓，即能將你家的相簿數位化」。在表明結論（合）後，以這個標題為中心，說明該產品的概要（起），接著講述實際的服務流程、價格等詳細設定（承），然後介紹其他注意事項和操作介面（轉）。

也就是說，**在資料中傳達訊息的理想順序是「合起承轉」**。就算是因為時間、版面不足，省略「起」、「承」或「轉」，「合」還是可以確實傳達重點。如果對方聽了感興趣，自然會主動詢問細節。

將結論置於資料開頭時，一定要提示對方「這段話是重點」。對於重點部分的文字，可以放大字級、使用粗體、改變顏色、在開頭加上符號，或使用框線等，以凸顯與其他內容的差異。如果有前後文，重點會更難辨識，最好選用素面的背景。

→ 利用標題帶出重點

除了可以用主標題、副標題來表現結論，也可以在正文開始之前，以簡單幾行文字歸納出重點，這稱為「引題」。像報紙的專欄，常在開頭置入這類文字，沒時間細讀的人可以從這段文字掌握整體概要。製作資料時，可以運用此技巧或條列的方式，來敘述概要。

像投影片這種可能橫跨數頁的資料，標題最好一律改為簡短標語，以凸顯出重點。舉例來說，將「企劃主旨」和「產品概要」，改為「關鍵字是『逆勢成長』」、「從客訴衍生出的新產品」，讓內容精簡且具體地呈現在閱讀者眼前。

此外，可以採用提問式的標題，例如：「地基下陷真正的原因是什麼？」，在第一時間便吸引閱讀者的目光。特別要留意的是，提出問句就一定要有解答。**可以在開頭就傳達重要訊息，但最後一定要再度引導至結論，才能有效促成決策。**

POINT

- 在開頭提出重點。
- 用單行文字或導讀列出重點。

將重點置於開頭
二年後，
現存的系統服務即將中止！
將標題或概要置於開頭（上方），表明結論。
內容較為複雜時，要先整理出重點
再這樣下去，〇〇市將面臨無子化的問題！
〇〇市自1960年的調查以來，
國中生以下的兒童人口有持續減少的趨勢。
到了20XX年，當地兒童的預測人數為「0」。
因此現在必須盡快研擬相關對策。
將冗長的說明文精簡成短短幾句話，可以減輕閱讀者消化資料的負擔。

用利益點和數據下標題，有3種手法

What 要做什麼？

→ 用一行標題傳遞主旨

我們常會看到標題是「企劃書」或「○○提案報告」的書面資料，但這樣的標題很難讓人了解內容。將資料的全體內容極度簡化，也是加速決策的重點之一。

工作忙碌的人有時連翻閱的時間都沒有，可能只看標題就決定是否要翻閱內容。當我面對大量資料，有時也會這樣作出決定。在書店選書時，你是否曾只看標題就拿起書籍？很多時候，**短短一行標題，就能向閱讀者傳達整體主旨，讓人產生「想看看內容在說什麼」的期待感。**因此，請像寫情書一樣，盡力思考如何下這句標題。

不管是單頁或數十頁的資料，都必須在標題上傳達有關內容的資訊。不過，像企劃書、報告等稱呼，都只能區隔資料的種類。如果被要求提出的資料主題，是「關於○○企劃書」、「針對△△的報告」，可以加入一其他原創的副標題，例如：「○○小論文『兩年內挑戰五種檢定考！』」，除了主標題之外，還放入自己取的副標題。

→ 用「利益點」和「數據」，抓住決策者的心

為了抓住決策者的心，可以活用STEP2提到的利益，和STEP3提及的「數據」這兩個關鍵字。以下將依序介紹能讓決策者感受到「明確利益」的三種手法。

①縮減成本：提出與金額有直接關聯的要素，讓對方感受到實質優惠。例如：一年可節省高達九千日圓的電費、當地價格最平易近人的網咖、可以縮減約一成的出差經費、兩人出席一人免費等。

②解決問題：能解決煩惱和問題的內容，較能打動對方的心。例如：避免過早退休的祕訣、不用登門拜訪的房屋推銷術、讓家裡再也看不到老鼠的蹤跡、一個月跟肥胖體型說掰掰等。

③限定：限定商品或服務，能有效促成決策。例如：一月住宿附贈伴手禮的訂房優惠、A公司員工限定日：點數乘5倍、全大阪只有我們這家店才買得到等。

這三種手法再搭配數字，可說是所向無敵。從這些手法衍生出的標題，加上〇〇提案書、〇〇企劃等區分資料類型的詞語，就能成為企劃書的正式標題。

→ 用名詞做結尾，文句有魄力

想要下簡潔有力的標題，用名詞做結尾是個有效的方法。也就是捨棄一些贅字，以名詞做為句子的結尾。報紙的標題幾乎都是運用這種方法。這種表現方式因為字數控制精簡，所以力道十

足，例如：「今年的開幕地點武道館」、「銷售成績居冠的高松分店」等。和標題同樣重要的文案，以及文章中的中標與小標，也都以名詞做結尾。具體的表現，像是「透過待客之道的周轉率追求」、「主婦人氣抹茶甜點」等。

POINT

- 標題要呈現利益與數字。
- 用名詞做結尾，讓標題與文案簡潔有力。

能瞬間了解內容的封面範例

建構新家，半價實現！

翻修裝潢

研討會提案書

從標題就點出內文重點。

示意圖能讓人產生聯想。

2014年10月21日
東京Renova Ring公司
顧客事業部 伊藤輝美

明確標示提案者的相關資訊。

用名詞結尾，讓語句更加簡潔有力

運用教練技巧，可以克服孤獨症候群。	可以克服孤獨症候群的教練技巧。
只有現在可以免費試用。	現在有免費試用品。
因為豪雨，九州各地有一萬人正在避難。	九州各地出現造成一萬人避難的豪雨。
不可或缺的東西是什麼？	什麼是不可或缺的東西？
金澤分店的鈴木先生被電視台採訪。	被電視台採訪的鈴木先生（金澤分店）。

Goal 目標→是否迅速提供足以決策的資訊量？

標題的字數該是多少？學學Yahoo新聞

What 要做什麼？

→ 最成功的資料，是讓閱讀者能秒懂

擁有決策決定權的人通常很忙碌，如果將大量資訊直接攤在他的面前，有時會讓他心生抗拒。因此，**不需要讓閱讀者特別動腦，才是一份成功的資料**。必須將足以引導至決策的資訊量，以文章或文字的形式表現出來。

要減少整體資料量，不是單純從十項減少到一項，而是必須找出對方做決策時必要的訊息，或是能打動對方的因素。要先思考必須留下的資訊，才能選出重點訊息。

→ 文字量要控制在30秒內可以讀完

根據統計，一般人一分鐘可閱讀大約一千個字，二十至三十秒大約就是三百至五百個字。這其實是隨手翻閱一份資料時，真正閱讀及理解的文字量。如果對資料本身不是特別感興趣，留下印象的內容會更少。在社群網站Twitter上投稿的文字上限，只有一百四十個字。所以，**可以將能在短時間理解的內容，設想成大約等於2則推文**。在這個文字量的範圍中，準備資料內容。

文字量過多，不受決策者青睞

本文約400字
→資料量過多

用PowerPoint製作個人LOGO

大家在製作資料時，是否曾經有過將個人LOGO置入資料內容的想法？像這種時候，其實可以嘗試製作看看。我本身在念書時，曾經在學校學過Illustrator跟Photoshop等美術設計類的軟體，但並不是非常精通。

相反地，我平常大多會使用PowerPoint，來製作資料中會用到的圖像。許多的LOGO，主要是以○或□等等簡單的「圖案」為主，再加上「文字」構成變化。

首先，在PowerPoint主畫面上方的「插入」選項中選擇「圖案」，選出需要的圖形，並且上色。接著在「插入」中選擇「文字方塊」，在其中橫向輸入文字，並且適度換行、上色，最後將「圖案」及「文字」重疊。

希望顯示在上方（最表面）的文字，可以利用「上移一層」的功能進行排列整理。製作完LOGO後，用滑鼠從左上到右下框選整個物件範圍（周圍會呈現框線狀態），並且點擊滑鼠右鍵，選擇「以圖檔保存」，另存新檔於桌面。在存檔時，請記得將檔案格式改成較為通用性較高的「.jpg」格式。只要習慣這些程序，大約花上3分鐘的時間，就可以製作出一個個人LOGO。

本文約200字
→資料量的極限

用PowerPoint製作個人LOGO

大家在製作資料時，是不是曾有過將個人LOGO置入內容中的想法？像這種時候，其實可以實際嘗試製作看看。我本身在念書時，曾經在學校學過Illustrator跟Photoshop等美術設計類的軟體，但並不是非常精通。

相反地，我平常大多是使用PowerPoint，來製作資料中會用到的圖像。許多的LOGO，主要以○或□等等簡單的「圖案」與「文字」所構成。

首先，在主畫面上方的「插入」選項中選擇「圖案」，選出需要的圖形，並且上色。接著在「插入」中選擇「文字方塊」，在其中橫向輸入文字，並且適度換行、上色，最後將「圖案」及「文字」重疊。

建議可以從「什麼事」＋「怎麼樣」的形式，先寫出幾條短句。像是「新產品叫做『X-BEAM』」、「健走瘦身」、「比同類商品便宜五百日圓」等，這些文案都可以活用在標題上。

→ PPT的標題，最好在16字以下

電視節目一個畫面的字幕，上限約是十五至二十個字。新聞節目中的標題，字數約在十六個字以內。根據研究指出，人在二至三秒間可理解的文字數量極限，約是十六個字，所以新聞節目才會嚴格遵守。此外，Yahoo奇摩新聞網站上，標題平均是十三個字，這是瀏覽網頁的人留意到的字數。總之，**在隨時移動的畫面中，十三至十六個字的句子，最容易讓閱讀者產生印象**。

即便在不同媒體上，一句話十五個字左右比較具有說服力。十五個字以上的標題，光用眼睛掃過去，無法掌握其中的意義。只要先訂立主標題十六個字以下、小標題十二個字以下的規則，自然能省去不必要的單字，將標題變成有傳達力的關鍵字。

此外，一個段落應該包含多少句，也很重要。**在一個段落中，句數最好控制在五句以內。**如果多於五句，可以在換行後加入二個字元的空白鍵，作為內容分界，並提醒閱讀者「此處要改變話題」。同樣的文字量也可以在分割段落後，再導入小標題，前後以空白行做區隔，讓重點更清晰。

POINT

- 一開始以短文寫作為目標。
- 將標題、副標題、小標題控制在十三至十六個字。

專家都這樣下標

20家公司限定　5萬日圓的咖啡機 ← 副標題13～16字

法人免費試用　新機種咖啡機介紹 ← 主標題13～16字

CAFE COMPANY股份有限公司

事先決定各部分的「字數規則」，就能控制在目標字數內。

標題13～16字

只要放上一台，辦公室變咖啡廳！

- 員工可以在閒暇時，來杯自助咖啡。 ← 小標題20字以內

- 現在還提供一個月份的研磨咖啡粉。

內文文案的基本句型：什麼事＋怎麼樣

Whom 目標對象是誰？

→ 3項原則，寫出簡明文章

我審核及修改過正式文件與小論文，因此接觸到許多資料。在審閱時，如果類似內容超過十件，就會感到意興闌珊。這對必須閱讀資料、下達決策的人而言也一樣。因此，必須整理成容易閱讀及理解的簡單內容。

有三個方法可以迅速寫出簡明易懂的短文：**①活用兩個重要片語、②省略連接詞、③省略不必要的修飾詞**。

①是短文的基礎，是**最簡單的文章結構，光靠「什麼事」＋「怎麼樣」這兩個片語，就可以構成段落**。在閱讀長篇文章的過程中，必須邊讀邊思考文字涵義。但是，以短文編寫資料內容，就能夠避免可能造成的誤會，順利引導對方做決策。其他相關組合，包括「什麼樣」＋「什麼東西」、「為什麼」＋「怎麼做」等。試著先從第二個片語開始書寫文章。

另一種常用的寫作方式稱為「中斷法」，是一度中斷原本的幾個片語，接續其他片語的表現方式。例如：「打算先收信，再結束會議，接著外出辦事」這句話，運用中斷法而成為「打算先收信。再結束會議。接著外出辦事」。將事項分開說明，讓內容

簡單寫下兩個片語

〈例〉

什麼東西	如何發展
什麼事	想怎麼做
為什麼	這麼做
在什麼時間之前	怎麼做
怎麼樣的	什麼

▼

舉例來說……

新系統……	獲得採用
辦公桌……	想撥空整理
因為想變瘦	少吃零食
今年內	要當上正式員工
討人喜歡的	老師

更易於理解。

→ 適度省略連接詞

②是連接詞的用法。如果一篇文章過度冗長或難以理解，通常主要原因是連接詞運用不當。所謂的連接詞，就是「不過」、「或者」、「也就是說」、「此外」等。適度省略連接詞，能使文章更精簡。以報紙新聞為例，很少看到多餘的連接詞。**可將報紙的新聞記事當作範本，觀察新聞如何省略連接詞，以構成最精簡的文章**。

「這台電腦的螢幕很不錯，但是開機太花時間了。」這個句子中的「但是」，代表連接語句前後相反的涵義。不過，為了避免讓閱讀者花費太多時間思考，如果版面允許，不妨分成兩句來敘述。

→ 刪除不影響語意的修飾

最後，③是關於不必要的修飾詞。在不影響語意的情況下，可以刪除不必要的句子或單字。**具體來說，較常見的是成語和修飾句。**「話說回來」、「二話不說」、「夢寐以求」等用詞，在小說中經常被用來強調內容，或是加強情感，但這些在資料中都是不必要的。

此外，也會出現「那位提著漂亮包包的女性，就是田中小姐」這種句型，來敘述女性的外表特徵。若要精簡為最重要的主詞＋述語，就會變成「那位女性是田中小姐」。修飾用詞會讓閱讀者花費多餘時間思考，甚至造成誤解。資料可以通過文章和圖像，來讓人理解內容，因此沒有必要像小說一樣，完全靠文字傳達。

POINT

- 利用兩個片語書寫短文。
- 省略連接詞及修飾詞。

「條列式敘述」清楚有力，但要遵守5個規則

When 到何時為止？

→ 用單行文字簡化資訊

做決策的人通常必須審閱大量資料，複雜、語意不清的內文，會先被扔到一旁或延後處理。這種狀況下，**該如何在短時間內讓閱讀者產生直覺式思考，就是脫穎而出的關鍵**。其中，最簡明易懂的方法是「條列式敘述」。

長篇資料通常需要一定的理解程度，才能閱讀完整篇文章。條列式敘述有兩項優點：①文句較短、②較多空間。換行產生的空白有助於閱讀者理解。想展現重點、列舉類別，或介紹規則及順序時，特別適合採用這種敘述方式。

→ 5個方法，培養表達專業技巧

條列式敘述大多用於引導閱讀者直覺式思考，但不單只是在短句前面加個數字符號而已。具體來說，大致可區分為五種手法：**①層級規則、②風格統一、③文字量統一、④段落區隔、⑤條列方式**。

首先介紹如何運用①。例如：「最上方的段落符號是I.II.

III.，下一層必須空兩格，標記為(1) (2) (3)，再下一層則是空一格，以①②③表示」。

以層級來劃分整理，加上段落符號等，也是版面設計的一部分。有些業界與企業已有既定規則，如果在製作資料前，掌握到規則，提供對方熟悉的格式，就能加快做決策速度。

接下來是②。當一份問卷調查同時出現肯定句和疑問句，例如：「我贊成政府的意見」、「你贊成首相的意見嗎」，會讓人不知該怎麼回答，或產生誤會，因此句型風格必須一致。

③是透過整合文字量，使版面看起來整齊劃一。在一行約十五個字左右的條列資料中，如果只有一個項目長到必須跨行，就會打亂整個版面的秩序，甚至造成誤判。所以，請將文字數目控制在一行之內。

④是活用文字方塊的條列法。條列式敘述通常是十項以下最理想，但資料較多時，可以用文字方塊區隔成不同段落來說明。舉例來說，出現海鮮四項、蔬菜五項、肉類五項，共計十四項的條列內容時，請在海鮮、蔬菜、肉類各項目之間，加入空白行列，讓閱讀者更容易辨識。

最後，⑤是使用兩種條列方式來做區隔。條列式敘述又分成「並列」及「直列」兩種排序法。在列舉一般項目時，請盡量避免使用數字或abc符號，以免造成版面排序上的混亂。

POINT

- ▶ 訂立條列規則，並加以運用。
- ▶ 運用數字，標明資訊順序。

專家級的條列規則

經紀人升職考試流程概要

一年將三人栽培至副店長的教育法則

東京總店　　　　　　　　　　　　　　水島廣昌

1. 企業內職務經歷
 （1）赤羽店業務助理
 （2）赤羽店領班
 （3）異動至飯田橋店
  ① 副店長
  ② 店長

2. 栽培後進
 （1）面試打工人員
 （2）三日培訓計畫
  ① 打招呼
  ② 廚務操作
  ③ 收銀機操作
 （3）提供勤務上的協助

3. 減少程度差距的三種方法
 （1）列出基礎業務的標準作業流程
 （2）建立由資深員工指導新進員工的制度
 （3）容易出錯的工作項目，事先貼上警告字樣

段落符號使用數字，以表示優先順位。

訂下資料的條列規則。
在此範例中，
大項目是1. 2. 3.
中項目是⑴ ⑵ ⑶
小項目① ② ③

空格區分項目層級。

在大項目之間，可以加入空白行，以區隔不同內容。

活用文字方塊，區隔條列

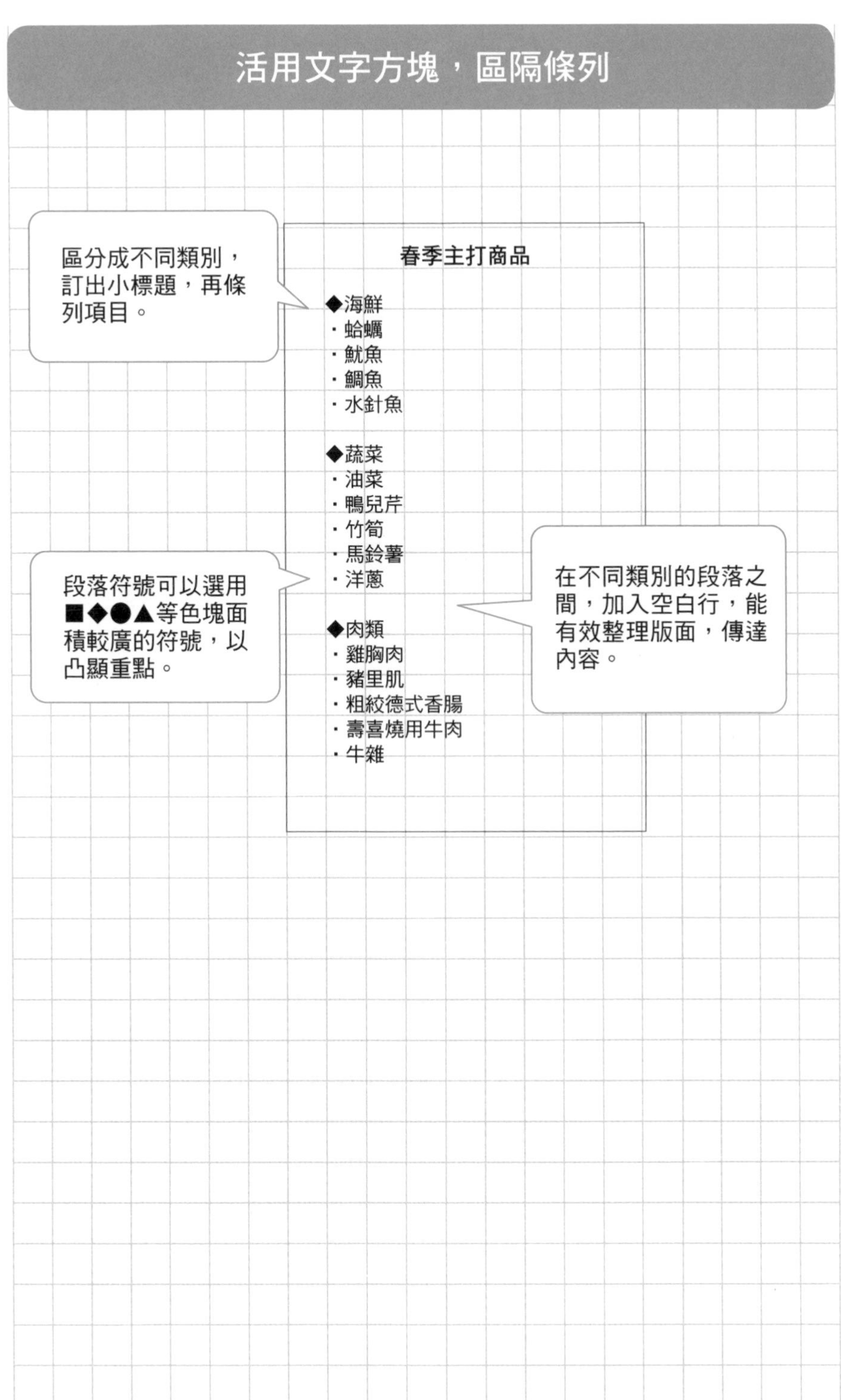
區分成不同類別，訂出小標題，再條列項目。
段落符號可以選用■◆●▲等色塊面積較廣的符號，以凸顯重點。
在不同類別的段落之間，加入空白行，能有效整理版面，傳達內容。
春季主打商品
◆海鮮
・蛤蠣
・魷魚
・鯛魚
・水針魚
◆蔬菜
・油菜
・鴨兒芹
・竹筍
・馬鈴薯
・洋蔥
◆肉類
・雞胸肉
・豬里肌
・粗絞德式香腸
・壽喜燒用牛肉
・牛雜

讓數據發揮500%的效果，該怎麼做？

H ow much 花費多少錢？

→ 數據表達能讓資訊更具體

一份資料能夠打動對方的關鍵重點，在於豐富的數據。如果傳達的內容不夠具體，對方很難做出決策。因此，數據是最具影響力，而且能正確傳達資訊的敘述方式。

數字是全世界共通的語言，無關乎性別、年齡，能讓所有人對於資訊產生共同的認知。尤其在面對外國客戶或上司時，活用數據資料更能引導對方直覺式思考。

→ 3種呈現方式，讓數據力加速決策

重要的是，必須從手邊資料中尋找出具說服力、特別引人注目的數據。大致上可分為3種表現方式：**①具體數據、②與其他數據的比較、③以換算的方式增進理解**

舉例說明①，提到十九歲，可以取代少年、青年、大學生等年齡層上的表現。同樣地，把一點點轉變成四個；偏長改為二公尺；早一些改成七分鐘，這種以具體數據來取代模糊形容的方式，能夠正確、迅速傳達資訊。

②是像「與A公司去年營收一億日圓相比，本公司的營收為二億日圓」這類的比較數據。與其他數據相比，可以讓資訊更容易理解。要凸顯特定數據時，推薦使用這類手法。

③是像「十公斤牛肉可以煎成五十人份的牛排」、「五公升的水大約夠讓馬桶沖一次水」這種以比喻來換算數據的方式。可以舉出一些貼近生活的例子，幫助閱讀者理解及思考。

只要活用上述三種數據表現，一個主打商品就能延伸出多種行銷方式。舉例來說，在推銷點心零嘴類的產品時，可以選用不同的數據表現方式：①「定價九八〇日圓」、②「內容增量二〇%」、③「相當於小包裝五袋份」。

→ 用「第一名」創造稀有感

想要第一時間就抓住別人的眼光，最管用的數據就是「第一名」這個詞，例如：「銷售業績第一名」、「讀者投票第一名」等表現手法，時常出現在各種商品的宣傳標語上。

此外，「首次」、「限定」這類詞句，雖然不是數據，也具有相同效果。但無論是何者，如果囊括的範圍過大，很難讓人產生「稀有」的感受。所以，可以盡量縮小範圍，篩選出區域中的第一名，例如：「東台灣第一名」→「花蓮縣第一名」→「池上鄉第一名」。

不過，有時即使想在資料中加入數據，也不見得能馬上找到可利用的資訊。所以，**請培養總是用數據來掌握工作的習慣**，才能在製作資料時，適時舉出例證，例如：「本企業是業界第二把交椅」、「提到一釐米以下的螺絲釘，我們是全國市佔率第二的企業」、「部門去年的總營業額是二萬五千萬日圓」、「今年的新進員工有十三人」等。

掌握的數據資料，可以活用在各種標題上，舉例來說，「Facebook行銷術」與「兩天招攬350位客人的Facebook行銷術」，這兩種標題給人的觀感就截然不同吧？「二十五分鐘解除腰痠背痛」、「減少三〇%成本的新系統」這類的標語，也是同樣道理。

POINT

▶ 務必活用大量數據。

▶ 提供對對方有利的數據。

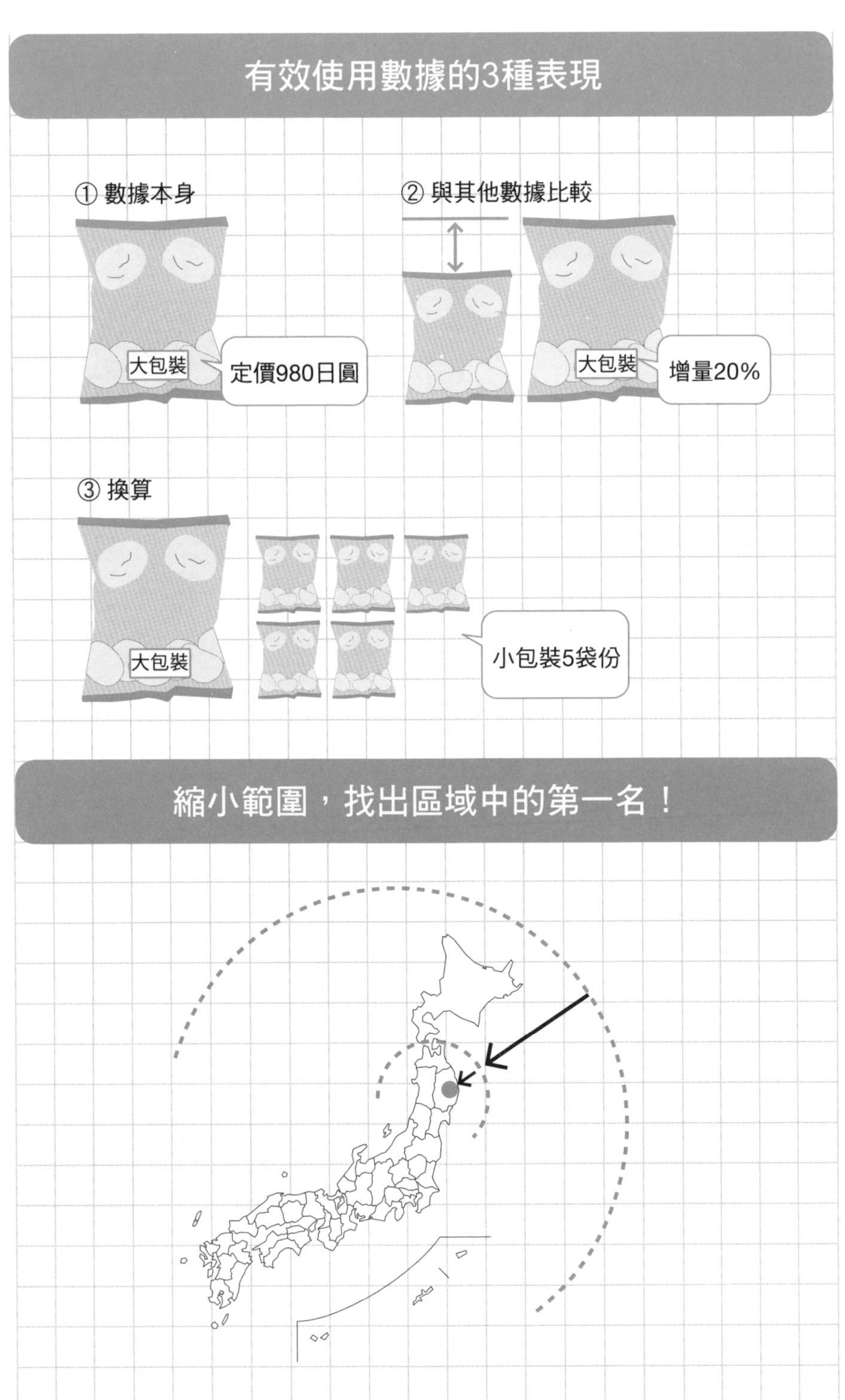
有效使用數據的3種表現
① 數據本身
大包裝
定價980日圓
② 與其他數據比較
大包裝
增量20%
③ 換算
大包裝
小包裝5袋份
縮小範圍，找出區域中的第一名！

STEP 4

巧妙使用圖表，打造120分的視覺效果

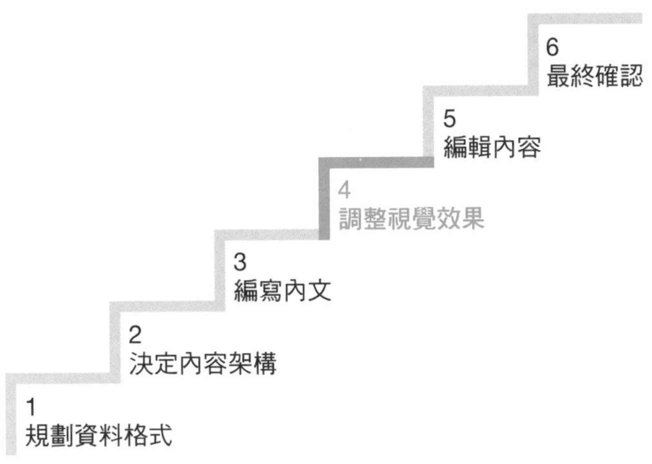

多用圖像取代文字，刺激眼球好記憶

What 要做什麼？

→ 添加視覺效果，引導記憶

一份能加速決策的資料，重點不在於讓決策者閱讀或理解資訊，而是對方看到、直覺感受到什麼。其中，效果最為顯著的就屬版面中的視覺效果。

加強視覺效果大致上有三種優勢。第一是**「直覺性」**，也就是不用閱讀內文，也能了解資料內容，並迅速引導決策。第二是**「正確性」**，著重於視覺傳達的資訊，大多數人都會做出相同的解讀。第三則是**「記憶性」**，沒辦法瞬間記住的內容，有時能透過視覺效果烙印在腦海中。

日常生活中，最常見的視覺資訊是各種標誌。就算沒有文字說明，標誌也會在無意間連結「危險」、「禁止」等警告意識。不論是教科書上的人體圖、古典音樂家的畫像或是世界知名景點照片等，人們看過一次之後，通常會立刻產生聯想。就連LINE的訊息交流，也常以貼圖取代文字，來傳遞情感。

閱讀大量的文字資料，很容易讓人思緒疲乏、心生厭倦。這時**如果看到具視覺效果的圖表，一定會產生好奇，想看得更清楚**。因此，製作資料時務必在頁面中放入一些圖表。

→ 利用圖像表示，有效精簡文字量

視覺資訊可細分成圖解、表格、插畫、照片、LOGO、地圖、圖示和象形圖等。文字以外的傳達方式，都屬於視覺資訊。

舉例來說，我創辦的公司「ePresen」的LOGO，放在資料中的任何一處，都可以代表「資料製作、發表者：ePresen」這句話。在表示公司所在地時，只要置入地圖，就可以省略文字說明，閱讀者能透過圖像來直覺記憶。

→ 開頭加入視覺效果，事半功倍

在以文字構成為主的資料中，如果加入少量視覺資訊，較能引起他人的興趣，進一步閱讀內容。讓我印象最深刻的資料，是一家廣告公司提出的遊樂園行銷企劃書。還沒翻開企劃書，就看到封面是遊樂園中熱門景色的插圖。不只是我，審查委員看到後，都一致認為：「這個公司的提案很不錯！」

在開頭加入視覺資訊，最能加強印象。如果是頁數較多的資料就放在封面，單頁資料則可以置於開頭，**有助於吸引閱讀者的目光，讓所有人更容易對接下來的說明留下印象。**

POINT

- ▶ 積極活用視覺資訊代替文字表現。
- ▶ 置於開頭，有效抓住閱讀者目光。

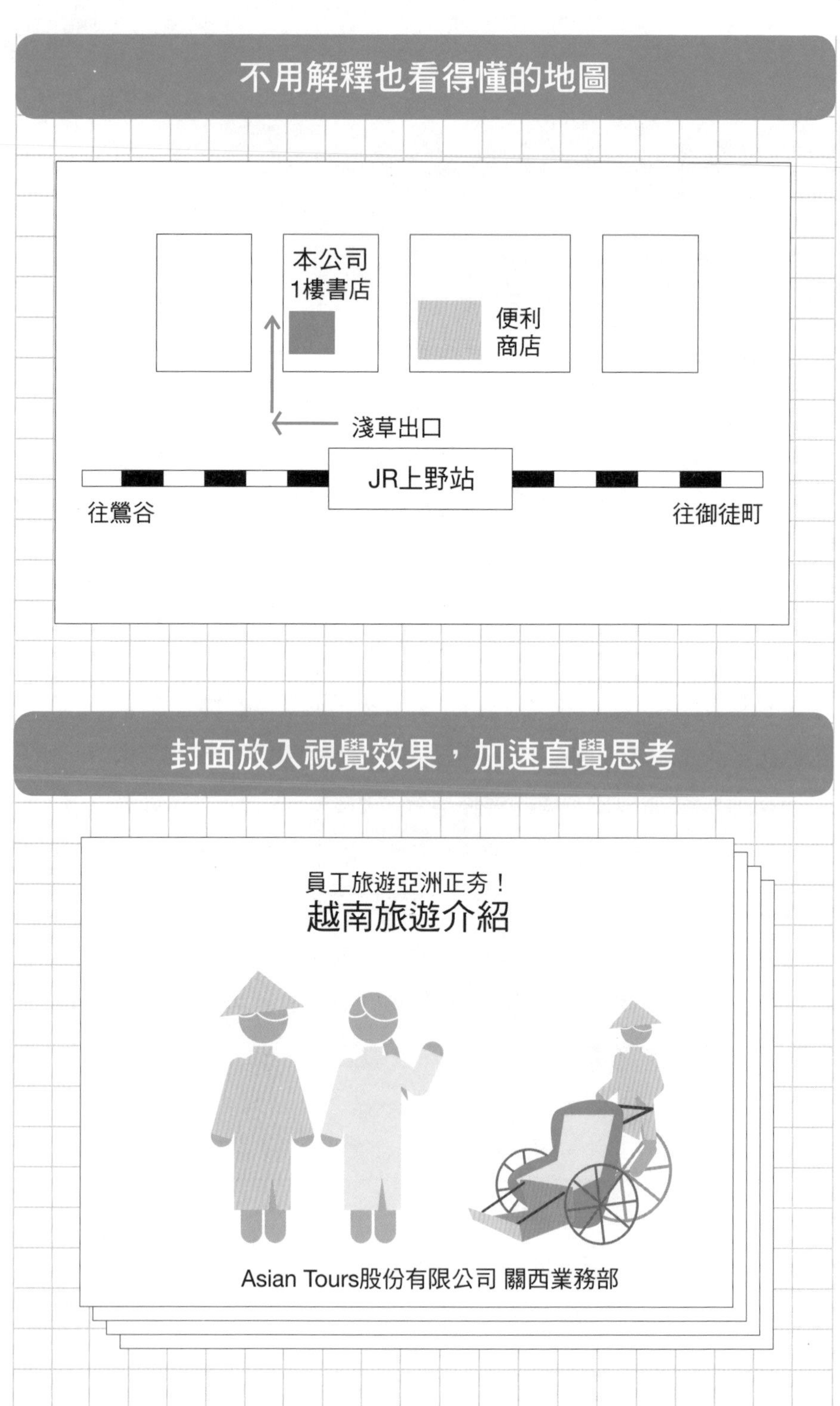

不用解釋也看得懂的地圖
本公司
1樓書店
便利
商店
淺草出口
JR上野站
往鶯谷
往御徒町
封面放入視覺效果，加速直覺思考
員工旅遊亞洲正夯！
越南旅遊介紹
Asian Tours股份有限公司 關西業務部

切記一頁一圖表，因為太多反而模糊焦點

What 要做什麼？

→ 一頁一張圖，傳達一主題

很多時候，提供過多資訊會拉長對方的判斷時間，但如果過少，又令人難以做決策。我們其實可以換個立場，模擬閱讀者、決策者的感受。大多數人的真心話是：「**資訊愈少愈好，我只想知道重點！**」因此，必須事先預測且提供對方最需要的資訊，才能有效引導至決策目標。

有些資料為了充份提供資訊，一個頁面就擠了三、四張表格或圖片，這樣的版面顯得雜亂無章，缺乏系統性，可能讓對方留下不好的印象。**一頁資料通常只能完整傳達一個主題，想加入視覺效果時，必須遵守「一頁一張圖」的原則。**

→ 版面設計力求精簡

以圖表介紹洗髮精與潤髮乳的銷售額和獲利時，區分為洗髮精的①銷售額和②獲利，以及潤髮乳的③銷售額和④獲利。如果將這四個圖表放進同一頁，會令人不知道該從哪個圖表看起。

舉例來說，「洗髮精的銷售額成長」與「獲利下滑」是兩個

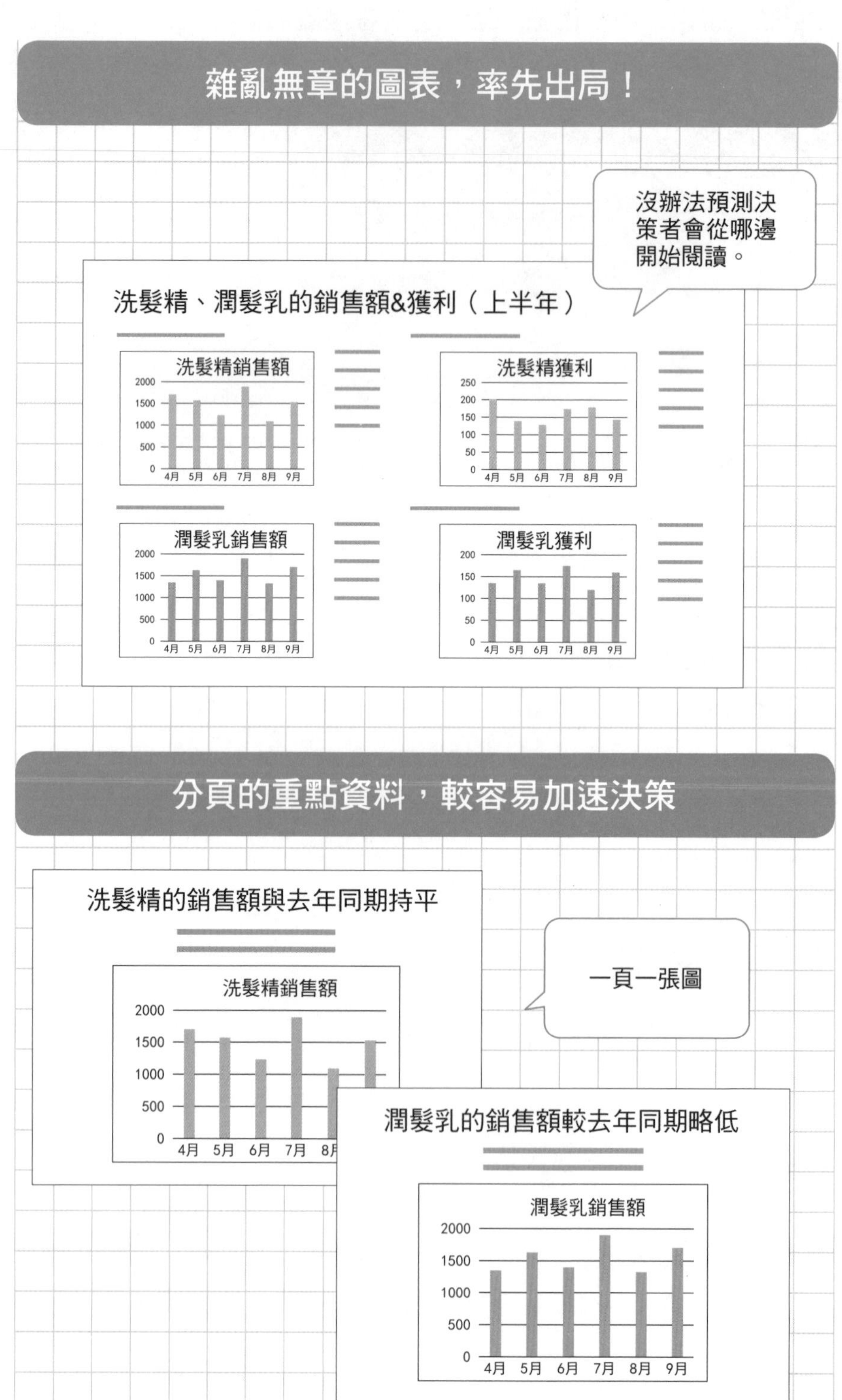
雜亂無章的圖表，率先出局！
沒辦法預測決策者會從哪邊開始閱讀。
洗髮精、潤髮乳的銷售額&獲利（上半年）
洗髮精銷售額
2000
1500
1000
500
0
4月 5月 6月 7月 8月 9月
洗髮精獲利
250
200
150
100
50
0
4月 5月 6月 7月 8月 9月
潤髮乳銷售額
2000
1500
1000
500
0
4月 5月 6月 7月 8月 9月
潤髮乳獲利
200
150
100
50
0
4月 5月 6月 7月 8月 9月
分頁的重點資料，較容易加速決策
洗髮精的銷售額與去年同期持平
洗髮精銷售額
2000
1500
1000
500
0
4月 5月 6月 7月
一頁一張圖
潤髮乳的銷售額較去年同期略低
潤髮乳銷售額
2000
1500
1000
500
0
4月 5月 6月 7月 8月 9月

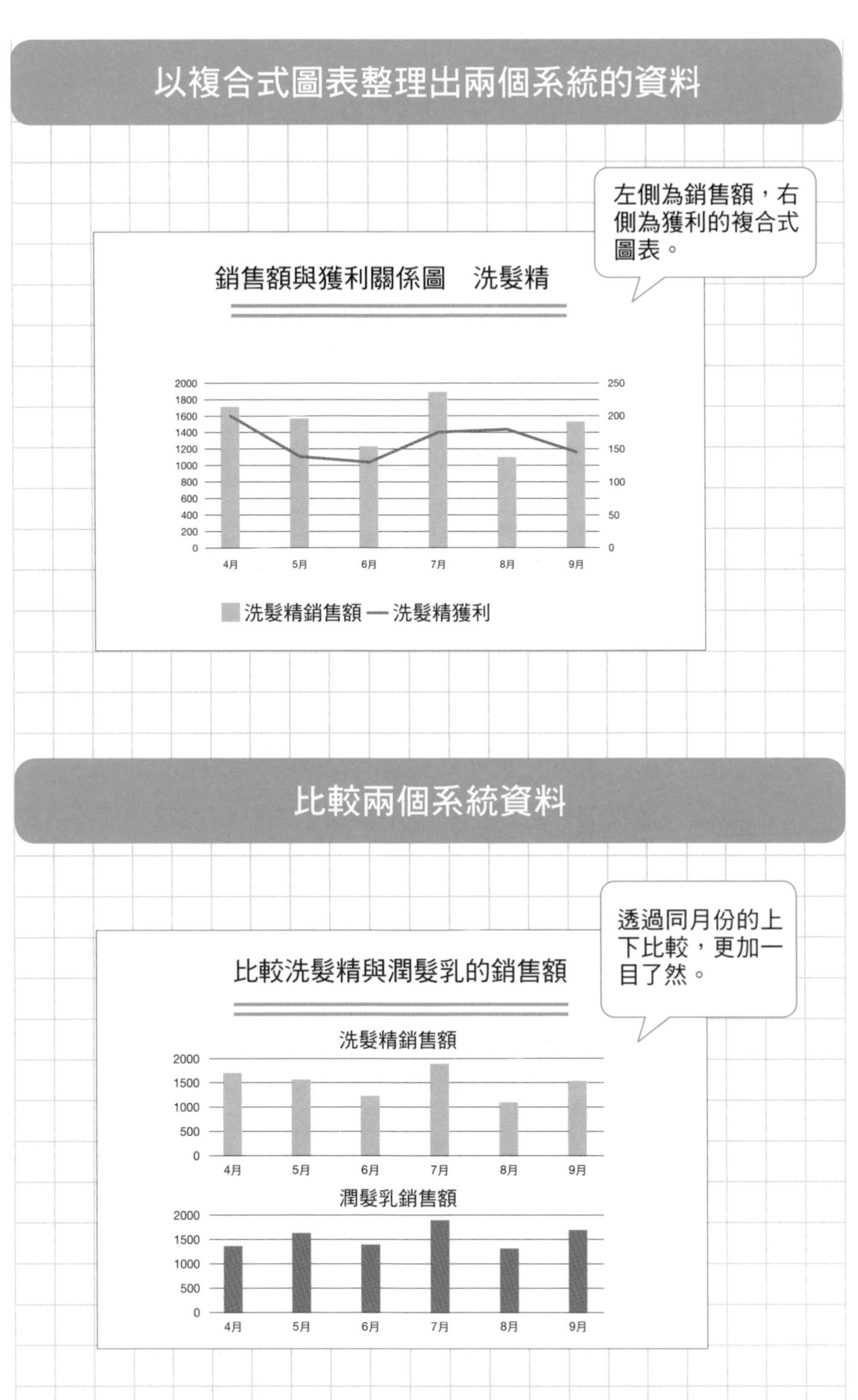
以複合式圖表整理出兩個系統的資料
左側為銷售額，右側為獲利的複合式圖表。
銷售額與獲利關係圖　洗髮精
2000
1800
1600
1400
1200
1000
800
600
400
200
0
250
200
150
100
50
0
4月
5月
6月
7月
8月
9月
洗髮精銷售額 — 洗髮精獲利
比較兩個系統資料
透過同月份的上下比較，更加一目了然。
比較洗髮精與潤髮乳的銷售額
洗髮精銷售額
2000
1500
1000
500
0
4月
5月
6月
7月
8月
9月
潤髮乳銷售額
2000
1500
1000
500
0
4月
5月
6月
7月
8月
9月

截然不同的訊息。由於無法一次解釋清楚，可以分頁加入圖表來進行說明。**有四張圖表，就分成四頁。**一個頁面只有一個視覺資訊，能讓閱讀者集中注意力。

在頁面中加入過多視覺效果，還可能產生一個問題：為了在有限頁面中加入複數圖表，文字和數字可能因此縮小。如果小到必須拿放大鏡才看得清楚，豈不是本末倒置？

→ 比較2個以上的訊息，宜做成複合式表格

有時透過比較去年與今年的狀況，或是改善前後等兩項以上的資訊，比較容易說服閱讀者。當一個頁面必須放進兩個以上圖表時，優先考慮將圖表彙整成同一張。舉例來說，想同時比較銷售額和獲利時，可以將左右兩側設定為不同的系統，以長條圖和線狀圖做成複合式的圖表，免去來回比對的繁瑣程序。

總之，**放置圖表的鐵則是，不要讓對方感到迷惑，不要造成壓力**。

POINT

- ▶ 嚴守一頁一張圖的原則。
- ▶ 思考如何彙整複數的圖表。

眼睛適合看Z字型排版方式，重點要放在頁面左上角

H ow 如何執行？

→ Z字型排版方式，符合視覺動線

資料頁面上的位置和順序，其實都有一定的意義。如果能反過來運用這一點，就能有效引導決策者依序閱讀，帶領對方將目光集中到你想表達的事項上。

就算不閱讀全篇，也可以讓對方直覺知道「要從這邊開始讀起」、「這裡特別重要」。

人的眼睛主要是「由左至右」「由上而下」而移動。結合這兩者的資料型態，就是「Z字型」的排版方式。好比表示循環的圖示，也是以「**順時針方向**」為基本原則，多數人會自然而然以這個順序來閱讀。相反地，如果以逆時針方向安排，會給人消極、不順暢的負面印象。

→ 遵守從左至右，由上而下的順序

了解多數人的閱讀順序之後，製作資料時，要將想強調的資訊放在最顯眼的地方。**除了順時針的閱讀方向之外，左上角或正上方是資訊的精華地段，可以配合前述的眼睛移動方式，以「由**

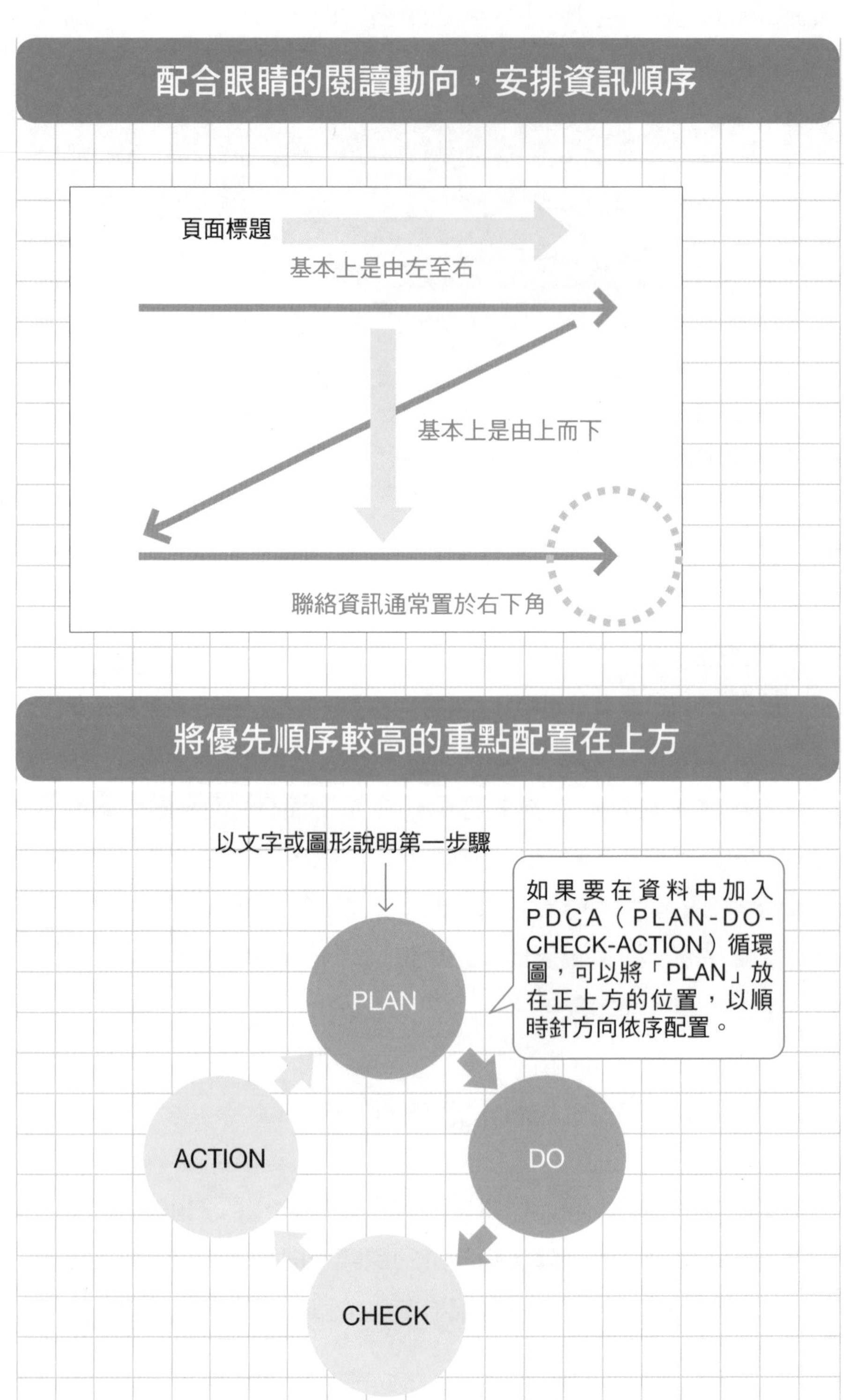
配合眼睛的閱讀動向，安排資訊順序
頁面標題
基本上是由左至右
基本上是由上而下
聯絡資訊通常置於右下角
將優先順序較高的重點配置在上方
以文字或圖形說明第一步驟
如果要在資料中加入PDCA（PLAN-DO-CHECK-ACTION）循環圖，可以將「PLAN」放在正上方的位置，以順時針方向依序配置。
PLAN
DO
CHECK
ACTION

順序由上而下

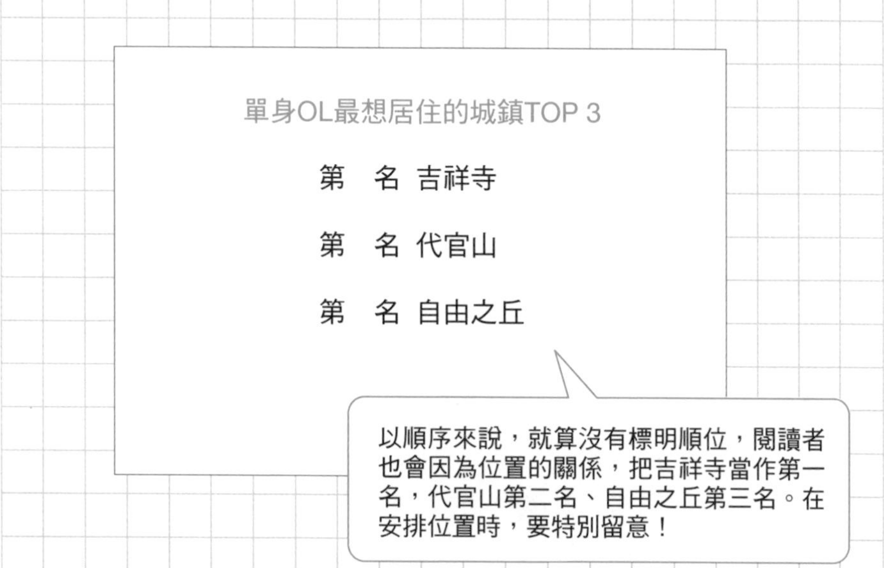

單身OL最想居住的城鎮TOP 3

第　名 吉祥寺

第　名 代官山

第　名 自由之丘

以順序來說，就算沒有標明順位，閱讀者也會因為位置的關係，把吉祥寺當作第一名，代官山第二名、自由之丘第三名。在安排位置時，要特別留意！

調整排列順序

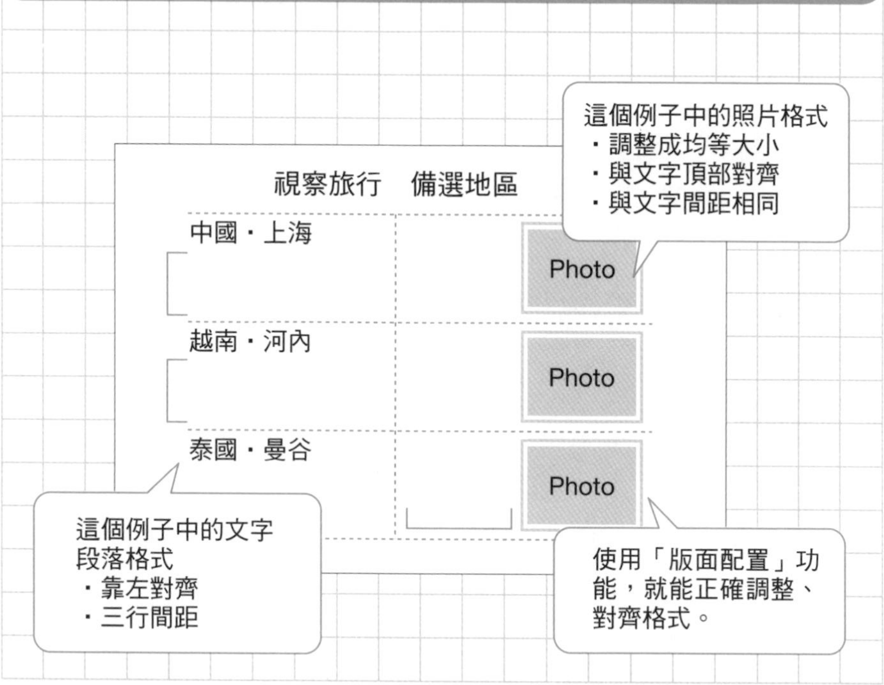

這個例子中的照片格式
・調整成均等大小
・與文字頂部對齊
・與文字間距相同

視察旅行　備選地區

中國・上海

Photo

越南・河內

Photo

泰國・曼谷

Photo

這個例子中的文字段落格式
・靠左對齊
・三行間距

使用「版面配置」功能，就能正確調整、對齊格式。

左至右」、「由上而下」的順序配置重點。不用特別以文字註記「請從這段開始看起」，也能讓決策者直覺閱讀。

有時可視情況，將重點置於中央，或加些變化，把結論、焦點放在右下角。**如同折起的傳單，就是要將消費者目光集中在四個角落和中央。**通常，右下角也是重要資訊的集中地。

像在棒球計分板上，上方是先攻，下方則是後攻。奧運頒發獎牌的順序，如果是從第三名開始宣布，會有很多人誤以為是第一名吧。只要稍微改變位置或順序，瞬間就能傳達許多訊息。相反地，如果弄錯順序，也可能造成不必要的誤解。

→ 重視細節，讓版面產生統一感

接下來，我將介紹一些能讓版面看起來更統一、穩定的製作技巧。**版面上的複數物件，如果調整成同樣形狀及大小，能讓整體畫面產生統一感**。此外，各欄位保持等距離也相當重要，要以上下左右任何一方作為對齊標準。如此一來，製作出的資料版面會顯得比較穩定。

許多情況下，閱讀者不一定會看完精心編寫的文章。所以，要讓大部分人在看到版面的瞬間，**直覺感受這份資料好壞與否，關鍵就在這些細節的調整。**

POINT

- ▶ 遵守左→右、上→下的排版規則。
- ▶ 重點資訊要放在精華地段。

用表格框線的技巧，讓最重要的數字跳出來

W hom 目標對象是誰？

→ 使用表格的優點

表格是最簡單的視覺資訊，不只是以線條區隔不同資訊，更是強調特定資訊的重要媒介。當出現特別想要強調的資訊時，可以主動用表格的方式呈現，讓閱讀者更容易理解，並引導至良好的決策結果。

在處理同樣領域或項目較多的資訊時，表格特別能發揮威力。透過表格，可以有策略地達成這些目的：**①簡單掌握資料的整體方向；②比較資訊之間的差異；③強調特定的文字或數據**。

→ 4步驟，有效活用表格

具體來說，製作表格可以透過四個步驟：①決定資訊和主題、②蒐集資料、③編輯資料、④製成表格。

一開始最重要的①，是決定想透過表格傳達的資訊。例如「營業額穩定成長」、「人口急速衰退」等重點議題。並訂出「A產品的營業額成長率」、「B市的人口狀況」等表格主題。

接著，②是蒐集製作表格所需的資料，然後執行③編輯資

料。編輯時必須決定數字的排列順序（小→大或大→小）、名稱的排列方式等。以產品的月銷售額一覽表為例，會加入銷售量、銷售額、銷售收入或利益率等資訊。期間要訂在一月至十二月（年單位），還是要從四月至翌年三月（年度單位），或是以季來區隔？這些都需要有策略地思考，擬定最適合的表格形態。

以產品月銷售額一覽表為例，大多會加入單價、個數和預估銷售額等資訊。假設銷售量不見起色，但銷售額卻有所成長，可以選擇不放上單價及數量資訊，只著重在合計的銷售收入。

最後是④實際製作表格。包括設定框線和顏色，製作出最能夠強調重點的表格設計。

根據提供資訊的方式不同，能夠衍生更多故事，並促使閱讀者做出決策，這正是表格最大的魅力和優勢。同樣的資訊可以透過排列、呈現手法的差異，展現截然不同的面貌。

→ 運用框線設定，為表格增添亮點

為了讓閱讀者能分辨出標題的不同，製作資料時，常會選擇與其他內容不一樣的**提示色彩、字體、顏色、粗細等效果**。就表格而言，最重要的效果是框線，像是消除框線、改變粗細和樣式、為行列增添顏色等，都能讓重點更醒目。

POINT

- ▶ 從各種資訊中找出重點。
- ▶ 利用顏色與框線，強調重要內容。

活用表格，整理最想表達的重點

全商品中，有一成以上是瑕疵品

	每1,000個	%
餅乾	35	3.5
費南雪	102	10.2
瑪德蓮	175	17.5
戚風蛋糕	32	3.2
磅蛋糕	**260**	**26.0**
楓葉派	45	4.5
瑞士卷	78	7.8
布丁	135	13.5
泡芙	95	9.5
每9,000個	957	**10.6**

▼

有必要重新審查、監督磅蛋糕的製造流程

銷售量達一成以上的商品，用網底上色。有問題的商品，則改變文字顏色和尺寸來凸顯。

消除框線，是整理資訊的重要技巧

年	月	年度大事
1995	5	齊藤健太於東京都足立區創業
1997	4	企業法人化
1999	7	總公司遷址至台東區上野
2002	4	啟用應屆畢業生
2006	10	首次參展A3 Show
2010	9	總公司遷址至港區六本木
2012	12	在韓國・首爾開設首家海外分店
2014	4	展開教育事業（涉谷區）

表格標題對齊框格中央，有凸顯整體內容的效果。

數字靠右對齊，統一格式。

內文靠左對齊，統一開頭位置。

消除表格中的框線，看起來整潔清爽。

圓餅圖、長條圖……，其實有不同的用途

W hom 目標對象是誰？

→ 依據不同情況，選用適合圖表

能讓閱讀者瞬間產生直覺，並連結到決策的重要視覺資訊，就是各式各樣的圖表。圖表不僅可以使用在列舉事實，也能有效強調自己想表達的重點。不過，在眾多資訊中，只有數據資訊才能製作成圖表。

圖表的主要分類：

- **圓餅圖→表現整體中的比率。**
- **長條圖或柱狀圖→表現各項目的值與量。**
- **曲線圖→表現時間上產生的變化。**
- **帶狀圖→表現不同項目的內部比率。**

→ 找出獨具說服力的資訊

圖表並非萬能，想打動決策者的心，得先經過四個步驟：①決定資訊和主題、②蒐集資料、③編輯資料、④製成圖表。

數據的排列順序，會影響圖表的解讀方式。像長條圖或柱狀

圖，會依據數值大小或時間順序，而有不同排列方式。

這邊介紹幾個特別的排列技巧。其中一個常見的方法，就是將想強調的重點置於圖表正中央。舉例來說，以世界主要國家為統計數據的長條圖，如果特別想要強調某個國家，無論數據如何，都可以將該國放在最顯眼的中間位置。

圓餅圖是將比率較大的部分置於正上方。但是，問卷之類的資料，若是以比率大小排列，可能會讓項目缺乏一致性。所以，整理出贊成至反對的關聯項目，順時針方向排列，並將想強調的部分像切蛋糕一樣移出，以改變圖形顏色等方法來強調內容。

在以數值大小來排列的長條圖或柱狀圖，如果想強調某個項目，可以改變該項顏色，或是調整數據、文字的粗細和大小，達到預期的效果。**能依據製作者的想法，強調數據資訊和資料重點，是圖表資料的一大優勢**。

→ 活用誇示手法，凸顯資訊

如果使用Excel製作圖表，可能輕鬆點幾下滑鼠就完成，不過我們可以再增添各種不同的效果。

長條圖、柱狀圖及圓餅圖等與圖形有關的圖表，選用的顏色其實很重要。在完成一張圖表後，請將圖表的顏色改成與主題相關的色系。想強調的部分可以改變顏色，或以○或□的線條框住，達到凸顯資訊的效果。變換局部文字或數字的顏色、尺寸、方向等，也有同樣功效。圖表旁加入的各式文字方塊，可以作為補充說明。

閱讀資料的人並非只想知道正確數據，而更想知道資料的重

圓餅圖，表現比率的首選！

從正上方的位置順時針配置，從最大的數據開始。

Q.對於當地建設垃圾處理場的看法…

從問卷結果等材料中，依序整理出人數多寡，再將該數據圖表化。

反對 24%
贊成 29%
有點反對 17%
有點贊成 12%
不表示意見 18%

整體資料的色系、字體力求統一。

贊成、反對的比率幾乎相同！關鍵在於「不表示意見」的人。

重點是引導出這些人的意見！

移出重點部分，以線條框線強調。

項目眾多時，就選用長條圖！

改變部分圖表和數據的顏色，以強調重點內容。

8月份的目標
分店間互相支援，解除缺貨危機！

將圖表變更成與版面統一的色系。

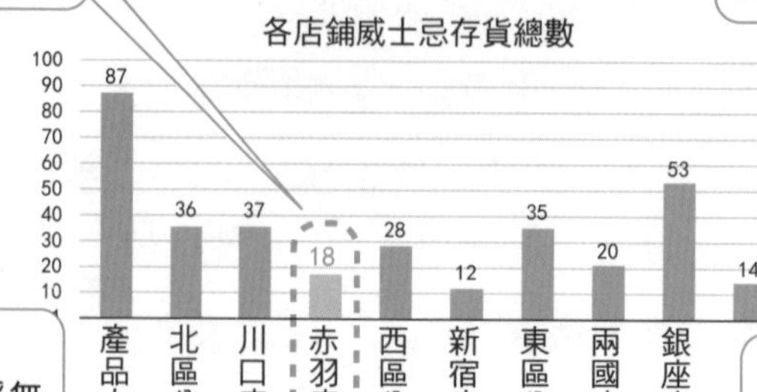

若項目名稱無法橫向標示，可以變更為直書文字。

存貨低於20瓶以下時，從其他店鋪調貨支援。

項目（在此例中是店名）依照自訂規則，整齊排列。

曲線圖，清楚展現時間軸上的變化！

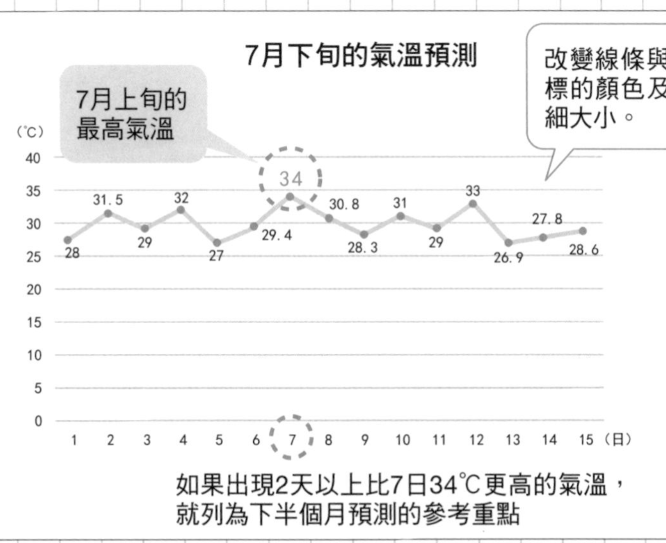

活用誇示法，增強直覺理解

天然災害儲備糧食

與仙台分店相比，東京總公司每名員工
只能分配到**3分之1**的緊急儲糧。

重點在於表達
大約「3：1」
的比率落差。

仙台分店

東京總公司

點。所以，**可以參考以Excel製成的圖表，試著用誇張的手法重新繪製圖表，就能讓閱讀者直覺理解資料內容。**

POINT

▶ 選擇與主題相符的數據與圖表類型。

▶ 要強調希望受到注目的資訊。

加入圖片和照片，能觸發對方的感動與想像

→ 加入插圖和照片，讓資料更具體

相較於需要閱讀的文字、需要聆聽的言語，視覺資訊更能直接傳遞訊息給決策者。其中，**最能表現實際影像的要素，就是插圖和照片**。

當製作一份提案資料給從未見過智慧型手機的人，如果加入照片和手機畫面的影像，以及人們使用手機時的照片，能讓人瞬間了解智慧型手機的樣貌與功能。透過這些照片，還能約略想像外型大小。

正所謂「百聞不如一見」，運用與實物接近的圖像資料，可以節省說明時間。看過資料的人會聯想到自己的使用狀況，進而提高提案通過的機會。

→ 比起文字敘述，圖片更能傳達意思

在資料中使用圖片或插圖，主要有幾個目的。首先，讓對方了解未曾見過或不存在的物品模樣。約有八成的民眾，即使沒看過實物，只要看到圖片或插圖，就能產生聯想並且理解。其次是

代替文字傳達訊息。適合用於表達抽象氣氛，例如：形容夏天、輕鬆、工作等名詞。

正因為圖片和插圖不是實物，有時反而方便應用於資料上。像是開發中的產品、竣工前的建築等，都可以透過圖片的加工，呈現實體樣貌。實物不可能隨意放大縮小，但圖片和照片可以隨時調整尺寸，還可以藉由影像處理軟體，調整顏色和形狀，甚至修改或強調某些內容。

→ 依不同主題蒐集、儲存圖像資料

市售的圖片素材和在網路上找到的資料，雖然方便取得，但若要完全用來製作資料，還是會遇到一些瓶頸。有時相關的圖片、照片資料在網路上搜尋不到，只能想辦法自己準備。

遇到這種狀況，就是自己拍攝的照片派上用場的時候。**它們不但比任何解說都更正確有力，也能打動他人的心**，而且不需要擔心著作權問題。

無論是自己拍攝的照片或從網路下載的圖片，都可以按照人物、IT、食物等主題，分類儲存在不同的資料夾。往後在製作相關資料時，就不用從頭開始蒐集，可以省下不少時間。

POINT

- ▶ 有效活用圖片、照片，能有效引導決策。
- ▶ 圖像素材可依不同主題分類儲存。

視覺效果可以取代說明
青年社
聖誕派對相關資訊
圖片可以讓人直覺想到
「聖誕節」、「馬拉松」
等關鍵字。
汐留城市馬拉松 路線概要
START
FINISH
使用過的圖片、照片，要分類留存
將圖片、照片儲存在不同的資料
夾，下次製作資料時就能事半功
倍！
工作
食品
植物

STEP 5

魔鬼藏在
你不知道的編輯細節裡

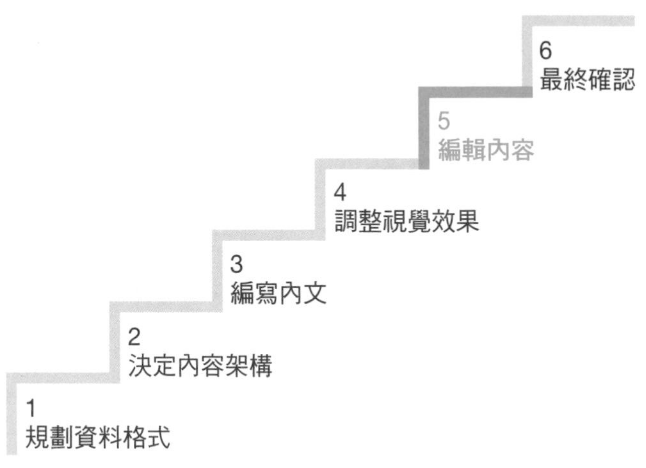

Goal 目標→決定用色規則。

用對方公司喜歡的顏色，但最好控制在3種以內

What 要做什麼？

→ 選擇用色有策略，幫助理解內容

談到用色，是否有些讀者認為，只能用黑白兩色來製作？在思考這個問題之前，請先確認資料格式的條件。如果沒有特別提到「使用單色印刷」，就可以放心規劃用色了。

在閱讀資料的過程中，其實也可以從顏色獲得許多重要訊息。顯眼、讓人印象深刻的選色，有時也是從大量資料中脫穎而出的關鍵因素之一。策略性地選擇適合的顏色，有助於閱讀者直覺理解資訊內容，進而達成引導決策的目標。

→ 視目標選用不同顏色

在資料中使用的色調，主要可分為三種：**①直接誘導取向的「決策者主題色」、②協助決策取向的「聯想提案內容色系」、③獲得長期信任取向的「自我表現主題色」**。

①選用對方喜好的顏色，通常是為了取悅。許多企業都有所謂的企業代表色，主要是以二至三種顏色為主。使用相近色系，能讓對方產生親近感，也較容易接受版面的設計。

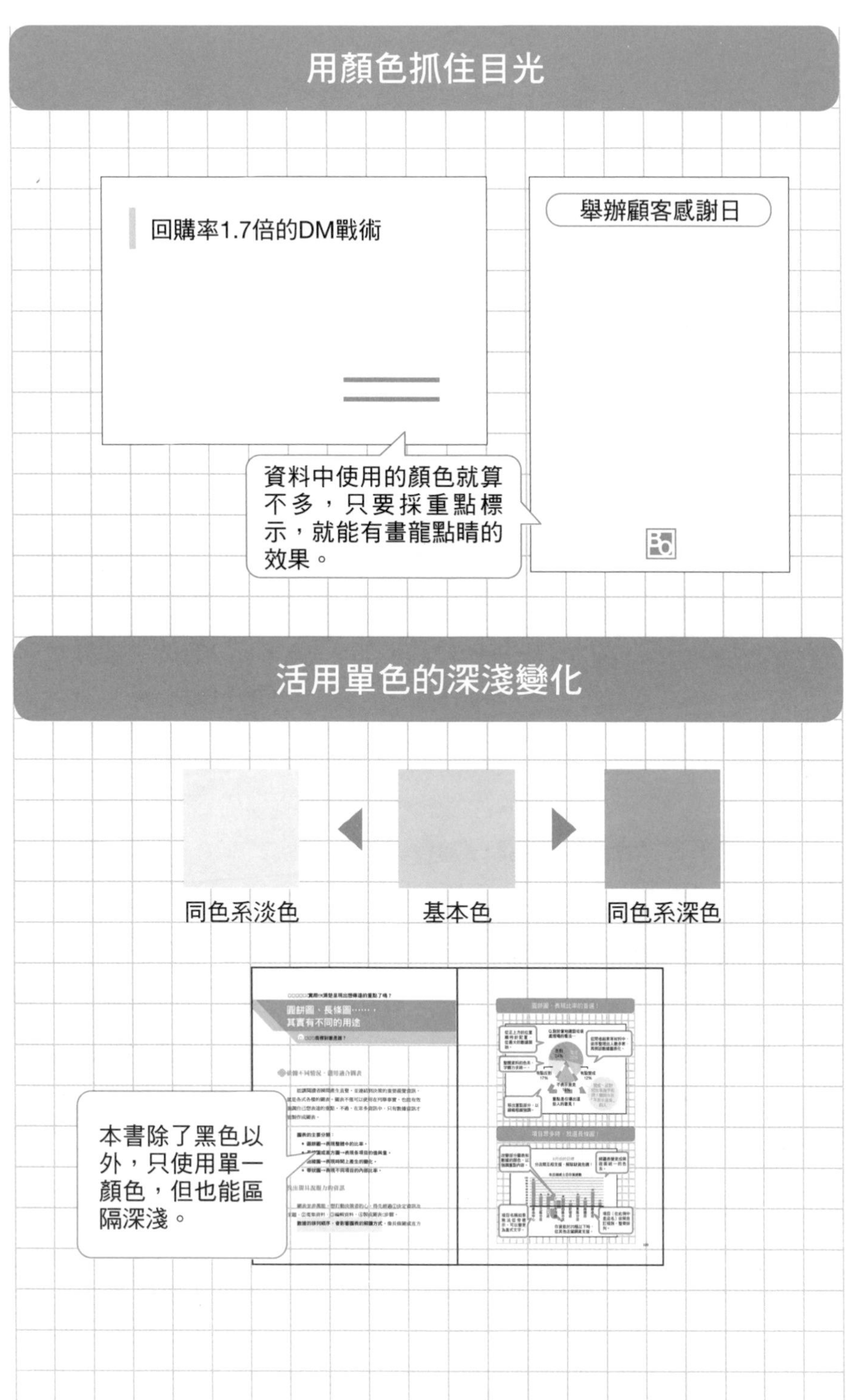
用顏色抓住目光
回購率1.7倍的DM戰術
舉辦顧客感謝日
資料中使用的顏色就算不多，只要採重點標示，就能有畫龍點睛的效果。
活用單色的深淺變化
同色系淡色
基本色
同色系深色
圓餅圖、長條圖……，
其實有不同的用途
本書除了黑色以外，只使用單一顏色，但也能區隔深淺。

我曾與一位零售業的幹部聊過，有家業界銷售成績第三名的公司，在收到某廠商的提案資料後，發現資料的配色是同業界第一名公司的企業代表色。負責人直覺認為，這只是份通用的提案資料，所以故意向廠商的業務抱怨：「至少顏色上也配合一下我們公司吧！」

就像這個例子的狀況一樣，有時不小心使用到對方排斥的顏色，可能會發展成無可挽回的局面。讓對方感到高興或不悅，有時就取決於顏色的選擇及事前調查。

②是無法掌握對方特定喜好時，以提案內容印象為優先的選色方法，例如：容易與嬰兒產生聯想的顏色。產品包裝如果是黃色，資料呈現也選用同色系，就容易與內容產生聯結。

最後，③是對資料有一定自信時，以自己決定的主題顏色來製作，並建立個人風格，讓決策者一看就知道是誰製作，進而產生閱讀興趣。

→ 選用顏色控制在三種以內

製作資料時，顏色具有畫龍點睛的功效，但一次使用太多顏色，會造成反效果。不但會產生資訊過多、難以理解的狀況，還會讓版面看起來太過雜亂、使人產生廉價的印象。**想製作出版面簡潔、有質感的資料，就要減少顏色數量。具體來說，控制在三個顏色以內最理想。**

街上常見的便利商店、餐廳和銀行的LOGO或招牌，使用的顏色也大多在三種以內，就連世界各國的國旗也不例外。不使用過多主題色以外的顏色，是製作資料的重點原則。

除了內容用色之外，資料用紙（背景色）大多是白色，文字則是黑色，如果添加其他三種用色，便總共有五種顏色，所以絕對不用擔心太過單調。況且，同一色系也可區分顏色深淺，達到各種不同的表現方法。

POINT

- ▶ 為顏色賦予意義。
- ▶ 控制顏色的數量。

Goal 目標→是否掌握字型特性？

慎選字型變化，以免報告顯得輕佻

Whom 目標對象是誰？

→ 字型會決定整體資料形象

許多人都有使用Facebook或Twitter等社群網站的習慣，在這些網站編寫文字時，大多沒辦法調整字型設定。在習慣這樣的寫作方式之後，常會忽略「設定字型」這個步驟。有時，**主動選擇適合的字型，也能有效改變閱讀者的感受。**字型具有以下三種作用：**①決定整體文章的風格、②標明重點、③塑造統一感**。

在閱讀文字、理解資料內容之前，字型就已經傳達理念了。舉例來說，在翻開頁面的瞬間，**渾圓的字型**顯示出「令人輕鬆愉快的話題」；**粗體的方正字型**顯示出「這句內容特別重要」；**標楷體**則給人一種「纖細」的印象。

在資料文字中，最具代表性的字型是粗細均一的**粗黑體**和**細明體**。粗黑體給人強而有力、較為積極的感受；細明體則帶有柔性且沉穩的形象。假如用粗黑體印刷喪事的慰問信，是不是會給人一種不夠肅穆的感覺？印製政府機關的資料，如果選用女高中生愛用的圓體，信用也會大打折扣。

決定要編寫的內容之後，更要慎選適合的字型，這將大為影響資料是否能受到採用。

→ 視內容切換字型

要求收到大量資料的人，讀完文章中的一字一句，幾乎是不可能的事。在這種狀況下，字型便擔綱為文章註解重點、增添內容起伏的重要工作。像是**粗體、方正的字型，代表「這段話特別重要」，閱讀者會在第一時間將注意力集中在那段文字上。**

如果整體資料都使用同樣字型，會太過缺乏變化。各種大小標題都是文章中的重點，適合使用粗黑體。相反地，由於資料本文的文字量比較多，最好是以細明體來呈現。

→ 一份資料最好只用三種字型

如果一份資料混用多種字型，整體看起來會顯得雜亂無章，閱讀起來也費時費力。**一分資料最好只使用三種字型**。具特殊意義的部分可以選較特別的字型，但大多數的內容都使用一開始所選的基本字型。

其次要注意，當資料透過外部印刷，有時會出現亂碼、無法顯示等錯誤，最好多確認幾遍。通常最穩定的選擇是新細明體和華康粗黑體。

POINT

- ▶ 字型代表整體資料的形象。
- ▶ 標題要選用比本文搶眼的字型。

活用字型改變印象

【字型】

主要的字型

- **粗黑體**
  （比較顯眼，適合使用在標題等重點處）
- 細明體
  （字體較細，適合用於本文敘述）
- **POP體**
  （為資料內容打造輕鬆愉快的氣氛）
- 標楷體
  （公文常使用的字體，以直書為主）
- 行書體
  （端正平穩的字體，以橫書為主）

Windows內建的中文字型。

- **粗黑體**
  華康粗黑體
  文鼎粗黑體
- 細明體
  華康細明體
  新細明體

最推薦整體感較穩定內斂的字型：
- **華康粗黑體**
- 新細明體

使用的字型控制在三種以內

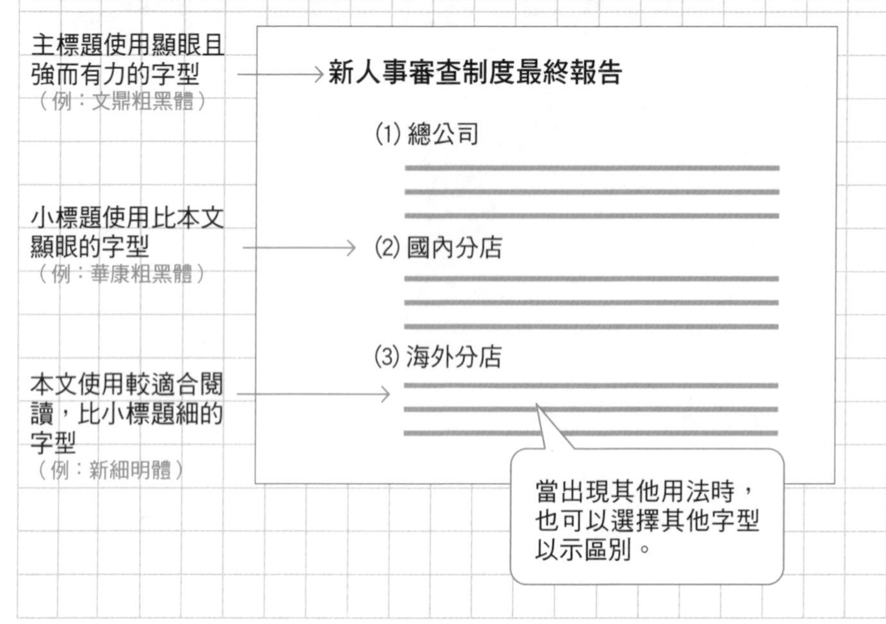
主標題使用顯眼且強而有力的字型
（例：文鼎粗黑體）
新人事審查制度最終報告
(1) 總公司
小標題使用比本文顯眼的字型
（例：華康粗黑體）
(2) 國內分店
(3) 海外分店
本文使用較適合閱讀，比小標題細的字型
（例：新細明體）
當出現其他用法時，也可以選擇其他字型以示區別。

Goal 目標→用什麼基準來決定文字大小？

調整字體大小，製造層次來強調想表現的重點

Whom 目標對象是誰？

→ 文章是否容易閱讀，取決於文字大小

除了字型之外，區別文字大小，也是專家製作資料時會使用的重要技巧之一，能一定程度改變閱讀者的感受，達成自己的目標。**字體大小可以為平面資料增添起伏、強調重點**。

基本上，可用較大的字體來表現想強調的部分，但如果整篇都是大型文字，會讓人分不清哪裡是重點。只在必要的部分改變文字大小，才能發揮最大的視覺效果。相反地，以較小的字體來呈現比較不重要的內容。

→ 字體大小左右閱讀節奏

報紙頭版會使用特大號的粗體文字來強調標題。新聞愈是重大，文字就放得愈大。只要透過標題文字大小，就能預測每則新聞的重要程度，資料也是同樣的道理。

較大的字體通常用於標題，不過也有不同的使用方法。像是**在普通字型的本文中，加入幾個明顯較大的文字，閱讀者就會不自覺地停下目光，特別注意那幾個字**。即便只是信手翻閱，都會

因此停下來，回去看清楚那幾個字。除了能局部放大一段句子，也可以只放大其中幾個字，不論是用在想強調的重點，還是作為轉變話題的時機，都能達成絕佳效果。

至於尺寸較小的文字，大多使用於註腳、標明出處等附帶資訊，因為這些部分大多不需要特別強調。

→ 站在閱讀者的角度，分配字型大小

如果一篇文章中包含許多大小不一的文字，不僅給人雜亂的印象，還很難整理出重點，就算內容再豐富，也不易閱讀。所以，**在製作資料時，要先訂出三種基本的文字大小**。以這三種大小為基礎，之後只有在特別重要的部分才進行微調。

此外，需要特別注意，擁有決策權的人以高齡者居多，因此不能忽略老花眼的問題。選用對方能輕鬆閱讀的文字尺寸，也是一種體貼的表現。文字的尺寸單位通常以「點」或「pt」來表示，使用於報告書、會議紀錄等一般的商用文書時，大多以10.5pt為基準。為高齡者出版的大字報叢書系列，平均文字尺寸大約在18pt。**了解不同年齡層的視覺需求，才能在製作資料時選擇正確的文字尺寸。**

POINT

- 以文字大小區分內容的重要程度。
- 依閱讀者的年齡層，選用適合的文字大小。

訂定三種文字尺寸

例文中的字型，全使用華康粗黑體。

打動人心的談話方式

排定約會之後，該怎麼回覆比較好？跟朋友約好用餐的時間地點之後，許多人會禮貌性地回「那就約○月△日了，到時候見。」

不過，另一種讓人印象深刻的回覆是「**真期待！**」

跟「到時候見」相比，「**真期待！**」能夠直接表達重視對方的感受，拉近雙方之間的距離。

文章中的重點部分，使用不同尺寸作為區隔。（例：14pt）

① 主標題使用較大的字型（例：20pt）→ **三大成人病，就在你身邊！**

例文中的字型，全使用華康粗黑體。

1. 癌症

② 小標題使用比本文大的字型（例：16pt）→ 2. 心臟病

3. 腦血管疾病

③ 本文使用比小標題小的基本字型（例：10.5pt）

視不同需要，也可以選用比基本字型大或小的文字尺寸。

活用頁首頁尾空間，讓閱讀順暢無阻

Whom 目標對象是誰？

→ 適度留白的3個因素

能不能活用整體版面空間，是決定資料能否順利通過的關鍵，這種說法一點也不為過。因此，為了**①節省對方思考的時間、②不給對方壓力、③清楚顯示主題**，要有策略地運用含有留白空間的版面。

運用整體版面的空間，不是要將整個頁面塞滿。除了資料內容之外，為了避免視覺壓迫，也要預留一些空間，例如：在頁首頁尾要加入資訊、圖片等。**一些簡單的小細節，都可能成為打動對方、推動決策的關鍵要素。**

→ 活用頁首右上角空間

舉例來說，頁首是具有活用空間的區域。一般人通常會先注意到左上或中央區域，那裡適合置入標題。頁首與本文的界線處，可以用圖片或線條來劃分。如果標題置於左上，右上便是空的，這時可以加入LOGO或一些插圖。

頁首的右上角，也是能活用整體資料的重要區域。像是「整骨可治療癌症」的延伸資訊、「創業120周年」等企業標語，甚至是「買腳踏車就找SHOP銀座！」等宣傳企業名、店名或專案名稱的資訊。

→ 標註頁碼是一種貼心舉動

另一方面，頁尾的第一個用途是編入頁碼。頁碼是多頁資料的重要導航，一般書籍中隨處可見的頁碼，在資料中卻經常被人遺忘。如果在頁面上找不到頁碼，閱讀者不僅會疑惑「現在進行到哪一頁」，也可能會想「後面還有多少內容」，而徒增壓力。**標註頁碼是製作者主動解除這些壓力的貼心舉動，能增加閱讀者的好感程度。**

當面對面進行簡報時，如果有完整標註頁碼，就可以直接提出：「請各位看一下第9頁。」如果資料中沒有頁碼，可能必須說一些抽象的指示，例如：「請再翻幾頁，來到圓餅圖的頁面。」如果頁數較多，可以用「2/16」（全部有十六頁，現在是第二頁）的標示，來提示整體頁數，這會讓人感覺更親切易讀。

頁尾常用來放置可顯示著作權的版權標記，版權標記也包含製作者資訊。將它置於每一頁的頁尾，便同時具備標明著作權和製作者名稱的效果。

POINT

- ▶ 於頁首提示延伸資訊。
- ▶ 頁碼是整體資料的嚮導。

活用頁首空間，宣傳延伸資訊

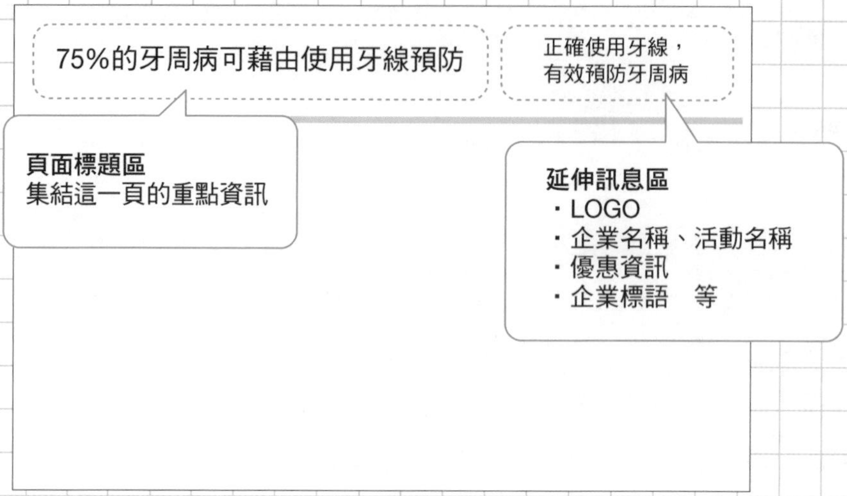

75%的牙周病可藉由使用牙線預防

正確使用牙線，
有效預防牙周病

頁面標題區
集結這一頁的重點資訊

延伸訊息區
・LOGO
・企業名稱、活動名稱
・優惠資訊
・企業標語　等

活用頁尾空間，有效增加好感度

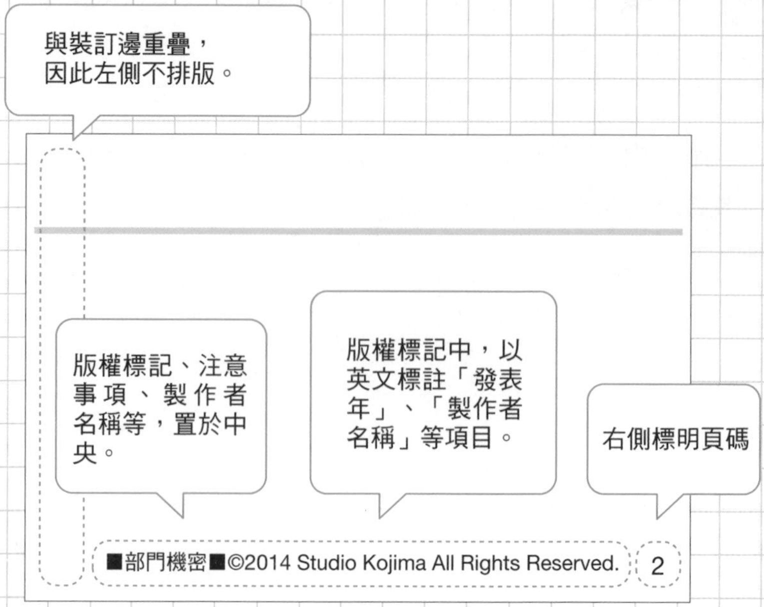

與裝訂邊重疊，
因此左側不排版。

版權標記、注意事項、製作者名稱等，置於中央。

版權標記中，以英文標註「發表年」、「製作者名稱」等項目。

右側標明頁碼

■部門機密■©2014 Studio Kojima All Rights Reserved.　2

Note

STEP 6

別漏掉最後確認，以免鬧笑話收拾不了

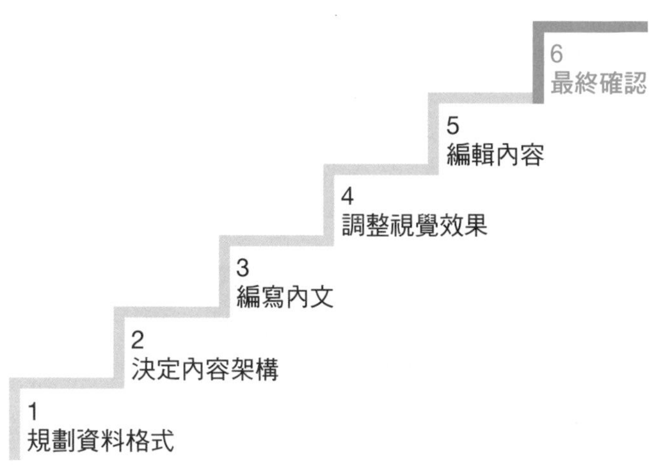

你忘記寫截止日期和聯絡人嗎？那就很難成交！

What 要做什麼？

→ 標示明確目標

內容出色卻無法過關的資料，有時是因為沒有明示目標。許多忙碌的上司和廠商在看過資料後，沒有時間主動思考「自己到底要對什麼事項下判斷」，也就是沒有想過目標在哪裡。為了讓提案快速通過，必須替決策者備妥順暢管道與合理目標，引導對方抵達自己計畫中的理想終點站。

具體來說，有兩項要素必須在資料中明確提示：**①希望對方「在什麼時候之前」＋「做些什麼」；②後續的聯絡管道。**

→ 用期限與目標推動決策

一般來說，期限和目標能使人產生決心，並積極行動。假設你製作資料的目標是「在下週五營業時間內提案獲准，並由主管簽章」，那麼資料中就不能只提到「下週」、「週五」、「營業時間內」這些抽象的說法，而應該加入具體的時間期限和目標。

例如：「在九月二十六日（五）晚上六點前，出差申請希望能獲得○○部長的簽章核准」，甚至連後續需要歸還的文件種類，都可以標明出來。如果不這麼做，對方在忙碌中可能會有所遺漏，以至於無法達成目標。

銷售商品時也適用這個方法，舉例來說，在資料中標明「這項商品的優惠價只到八月三十一日，敬請把握良機！」客戶看了會產生預期心理，不論買或不買，都會在截止日前做決定。所以，在製作資料時，請在最後一頁標明截止日期，並且加上「如果有什麼不清楚的地方，請隨時聯絡相關人員」、「敬請期待」等語句作為結尾。有時一句話帶來的期待感，會成為對方下達決策的動力。

→ 列出所有的聯絡資訊

接下來，絕對不能遺漏提案者與聯絡人的相關資訊。缺少這些重要資訊，再怎麼出色的提案和資料，就算能夠打動決策者的心，對方也無從回應起，導致最後錯失良機。

在多頁資料中的聯絡資訊，通常會簡單地在封面列出，詳細資料則是放在最後一頁。假如不是對公司內部使用的資料，從公司名稱、部門名稱、姓名、住址，到電話號碼、傳真號碼、手機號碼、電子信箱、網站URL等，都不能遺漏。如果是對內的資料，則要標明部門名稱和分機號碼等。總之，**要列出所有能讓對方聯絡到自己的方式**。

在這個步驟中，可以想想決策者平常的工作習慣。如果是常使用電腦的人，通常以電子郵件聯絡即可。這時就可以依照公司名稱、姓名、電子郵件的順序排列。對方如果是不常使用電腦或智慧型手機的年長者，用電話聯絡比較方便，可以將相關資訊的順序改為公司名稱、姓名、電話號碼。

用放大顯眼的字體，來呈現這些主要的聯絡人資訊，用較小的字體，來呈現其他較不重要的情報，也有促進後續聯絡的效果。

紙本資料只要在最後詳細列出聯絡方式，就能讓人清楚了解相關資訊。有時遇到必須在會議室或禮堂，以投影方式講解資料的狀況，要記得在說明完所有內容後，投影出聯絡人的資訊，才算是完整地完成一場簡報。

POINT

- ▶ 合理設定期限，有助於加速決策。
- ▶ 資料結尾，切莫遺漏聯絡方式。

明確標示「希望對方做些什麼」

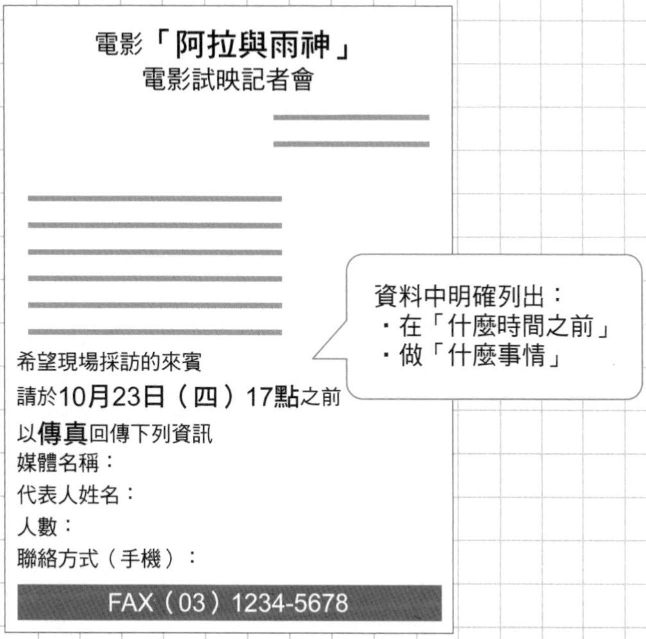

電影「**阿拉與雨神**」
電影試映記者會

希望現場採訪的來賓
請於**10月23日（四）17點**之前
以**傳真**回傳下列資訊
媒體名稱：
代表人姓名：
人數：
聯絡方式（手機）：

FAX（03）1234-5678

資料中明確列出：
・在「什麼時間之前」
・做「什麼事情」

放大聯絡人資訊

相關諮詢、申請，請聯絡：

Village媒體股份有限公司

業務二課　後藤 敏郎
t-goto@c-v.com
tel（03）1234-5678 分機8318
手機（090）5678-4321
〒111-1111
東京都千代田區有樂町1-1-1
URL http://c-v.com

東京 Junk　搜尋

優先記載方便
聯絡的管道

Goal 目標→內容是否值得信任？

是否有錯字、漏字或錯誤訊息？小心誤會虧很大！

Ⓦhat 要做什麼？

→ 提供正確資訊，是達成決策目標的不二法門

提供正確且值得信任的內容，是讓提案通過的重要基礎。所以，只要資料有任何令人感到遲疑的地方，就很難獲得最終的認可。

製作出清楚易懂、內容豐富的資料固然重要，但最大的前提是，資料中的內容必須是絕對正確、足以信任的訊息。如果發現任何重大錯誤，整篇資料的可信度就會遭受質疑。光是錯漏字，就會降低決策者對資料的信任程度，更不用提內容出錯，甚至刻意捏造。

→ 表達要避免詞義模糊

完成一份資料後，要依序進行三項工作：①校正錯漏字、②查證事實、③標示出處等。報章雜誌等公開發行的印刷品、公家機關的文書資料，都會經過這些校對步驟。

關於①的執行內容，大部分人應該都有經驗，一般人不熟悉的應該是②，這是確認事實真偽、統合整體資料的重要方法之

一。基本上，要對所有資訊都抱持「這是真的嗎？」的態度。

為了消除不安，要利用③標示出處來佐證。無論是政府機關的資料或自己調查的結果，都要明記資料來源和時間。

→ 校對3步驟，確保內容正確度

製作資料的專家是採用以下三種方法：①電腦校對、②印刷確認、③透過第三者閱讀，來進行確認。

①是利用電腦會自動提出警示的功能。像Word、Excel、PowerPoint都備有文法、拼字自動校正的方便功能。當語句中出現下面畫有紅色、綠色線條的字詞，可能是文字錯誤的警告，可以在閱讀前後文後進行修正。

②是以電腦製作的資料，一定要在印刷出來之後，再次進行校正。這個步驟不僅可以發現在電腦畫面中很難察覺的細節，也可以實際標記需要修改的地方。

③是自己檢查完資料之後，再交給第三者進行校正。除了避免錯漏字等狀況，別人在閱讀時，也許可能發現外語、業界用語、行話、流行用語等不常見詞語的錯誤用法。所以除了製作者之外，通常至少須找兩個人進行最終確認。

POINT

- ▶ 明示出處，提高資料的可信度。
- ▶ 盡量由多人確認資料內容。

校正與校閱之間的差異

從家裡帶來的物品

單手鍋　　菜刀

- 確認錯字等文字上的失誤，稱為「校正」，查證與事實相關的內容，稱為「校閱」。
- 檢查圖片與文字說明是否一致。

雖然文字沒有錯，但位置排錯，與圖片有所出入。

選用平易近人的語句

外語	業界用語
・Integrator ・LOHAS ・Viral ・MOMUCHAN ・Churrascaria	・完原（影視：完整原版帶） ・交幕（歌舞伎：交互換幕） ・終排（影劇：最終排演） ・正職（餐飲：正職員工） ・研試（學術：研究所考試）
行話	**流行用語**
・條子（黑道：警察） ・團暴（警界：暴力集團） ・全麻、局麻（醫界：全身麻醉、局部麻醉） ・吃走（商務：餐費與交通費） ・參伍（醫界：35）	・我的話～ ・放鴿子 ・果真 ・超 ・煩透

與決策者有共同點的人，是最理想的最終校正人選。盡可能由多人確認資料內容。

半形、全形混搭嗎？這樣會讓對方覺得你不細心！

Where 地點在哪裡？

→ 增加資料的利用價值

資料不是只讓對方看過就好，具備被再度利用的價值也很重要。如果對方在收到紙本資料後主動表示：「可以再寄給我檔案嗎？」這句話很可能代表：①將資料交付下一位決策者時，需要再複印。②要大量複製某項資料時，得對照原稿，從零開始輸入會耗費太多時間，所以直接索取相關檔案。**是否能將完整資料檔案寄給對方，直接關係到資料能否獲得採用。**

→ 留意全形、半形的區隔

馬上就能轉手使用的檔案資料，可以為對方省去不少麻煩。在資料中需要注意的細節，就是文字全形與半形的使用方式：**①英文字母和數字要使用半形，②中文字和符號要使用全形。**

用Excel製作表格和圖表時，只有半形數字能列入計算公式。其他使用到英文和數字的內容，還包括電話號碼、電子郵件信箱、網站URL等。這些資訊都可以直接套用半形文字，來執行通話和連結。

若使用全形輸入英文和數字，會被當作一般文字，無法直接執行連結。這樣的資料會被視為不夠體貼。因此，平常就要養成以半形輸入英文和數字的習慣。

此外，依實際工作內容不同，有時將所有資料統整成一份檔案，比較便於對方使用；但有時細分成不同檔案，會比較容易修改操作。所以，要**視工作內容傾向和對方需求，適時變更檔案的內容和數量。**

→ 除了PDF資料，也要備好原始檔

將檔案寄給對方後，最常聽到的問題就是「沒辦法開啟編輯」，其中以圖像方面的內容居多，大多是引用圖片製作的圖表類、加入圖片的文字方塊，或是文字和圖形的組合等。

考量檔案的大小，通常會寄送外觀不變、但檔案較小的PDF檔，不過要依據對方的用途，先備妥原始檔，以備不時之需。**閱讀、寄送用的檔案可選用PDF，而可供對方編輯的檔案則提供原始檔，如果能同時寄出這兩種會更好。**

當對方主動索取檔案資料時，可以詢問要用於什麼用途，並且寄出適合的檔案。有時多重視一些細節，會影響資料是否能獲得採用。

POINT

- 正確選用全形、半形文字。
- 最好同時寄出資料原始檔和PDF檔。

聰明活用半形與全形文字

● 英文字母和數字使用「半形」

■電話號碼

×…（０３）１２３４－５６７８

○…(03)1234-5678

英數字使用全形輸入，會被當作一般文字，因此無法直接連結。

■電子郵件信箱

×…ａｍａｎｏ＠ｊｉｔｓｕｇｙｏｕ－ｎ・ｃｏ・ｊｐ

○…amano@jitsugyou-n.co.jp

■數字表示

×…８０％　￥８６０　７・３

○…0.8　860　7.3

表格無法計算全形數字，部分全形的單位符號也會無法判別，因此要盡量避免使用。

列印與裝訂漏頁？製作者用不用心，看這裡就知道！

H ow 如何執行？

→ 紙質和裝訂方式是決勝關鍵！

看慣各種資料的人，有時只要藉由觸感，就可以分辨出是直接印刷或複印的資料，甚至能正確辨別使用的紙質。雖然直接印刷的資料比較費時費工，選用質感較好的紙，成本也會增高，但成品較能讓對方感受到熱忱和誠意。

有時就算還沒看過資料內容，透過印刷和裝訂方式，就能顯示製作者是否具備常識，以及對內容的用心程度。在最後步驟中，製作資料的專家反而會將這些細節視為重點項目，以達成決策目標。

首先是**①輸出方式**。公用影印機如果保養得不夠徹底，印出的資料常易沾上莫名髒汙，因此最好使用印表機直接輸出資料檔案。面對重要的提案時，也可以選用比較高檔的紙質一決勝負。

接下來是**②裝訂方式**。為了避免決策者在閱讀時感受到壓力，選擇適合的裝訂方式很重要。有些資料因為裝訂方式有誤，版面的一部分會被遮住，沒辦法看到完整內容。選用精裝的封面，可以提升整體資料的質感和正式感，但由於裝訂方面的限制，只能平行翻頁，排版會受到較多限制，所以一開始規劃版面時，就必須預留適當空間。

考慮到翻頁的流暢度，最省事的方法是用釘書機釘住資料一角。固定在斜角四十五度之處，翻頁時就能將看過的頁面折到後方。此外，如果知道對方在收到資料後有複印需求，也可以只用迴紋針固定住一角，再交給對方，為對方省下拆訂書針的時間。

→ 不可忽視裝訂前的檢查工作

不管是直印或橫印資料，都可以透過機器大量複印。但是，一疊白紙中可能混有折角的部分，再優秀的機器都無法檢查到這一點。所以，在印刷之前，必須由人工進行確認。這時如果做到在STEP5提到的設定頁碼，也可以同時檢查是否有漏頁情形。

有些影印機的裝訂功能，可以代替釘書機固定資料，但部分機台會與紙張平行裝訂，為了確保斜角四十五度的最佳裝訂位置，還是手動用釘書機固定比較保險。如果完全交給機器處理，途中任何一個環節出了錯，仍必須拆去釘書針從頭開始，反而花費更多時間和心力。

→ 事先確認器材、人力

如果某個環節出錯，就必須重新作業。最傷腦筋的往往不是耗費的心力，而是時間。無論是多麼精心準備的資料，若無法趕在截止日期前交出，就沒有意義了。為了順利將資料送交決策者手中，事前的製作計畫一定要有充分把握。

在規劃製作程序時，必須事先預估多少內容大約需要花費多

久的時間。舉例來說，在製作過程中，機器可能發生故障或必須定期維修。最後的檢查工作，部分需要由人工進行，當分量較多時，必須安排足夠的人手。印刷用紙和墨水匣等資材、印刷機器等機械、幫忙檢查的人手，都是在最終階段的確認工作中，必須事先安排的重點項目。

POINT

- 紙質與裝訂方式是加分項目。
- 裝訂前必須由人工確認重點細節。

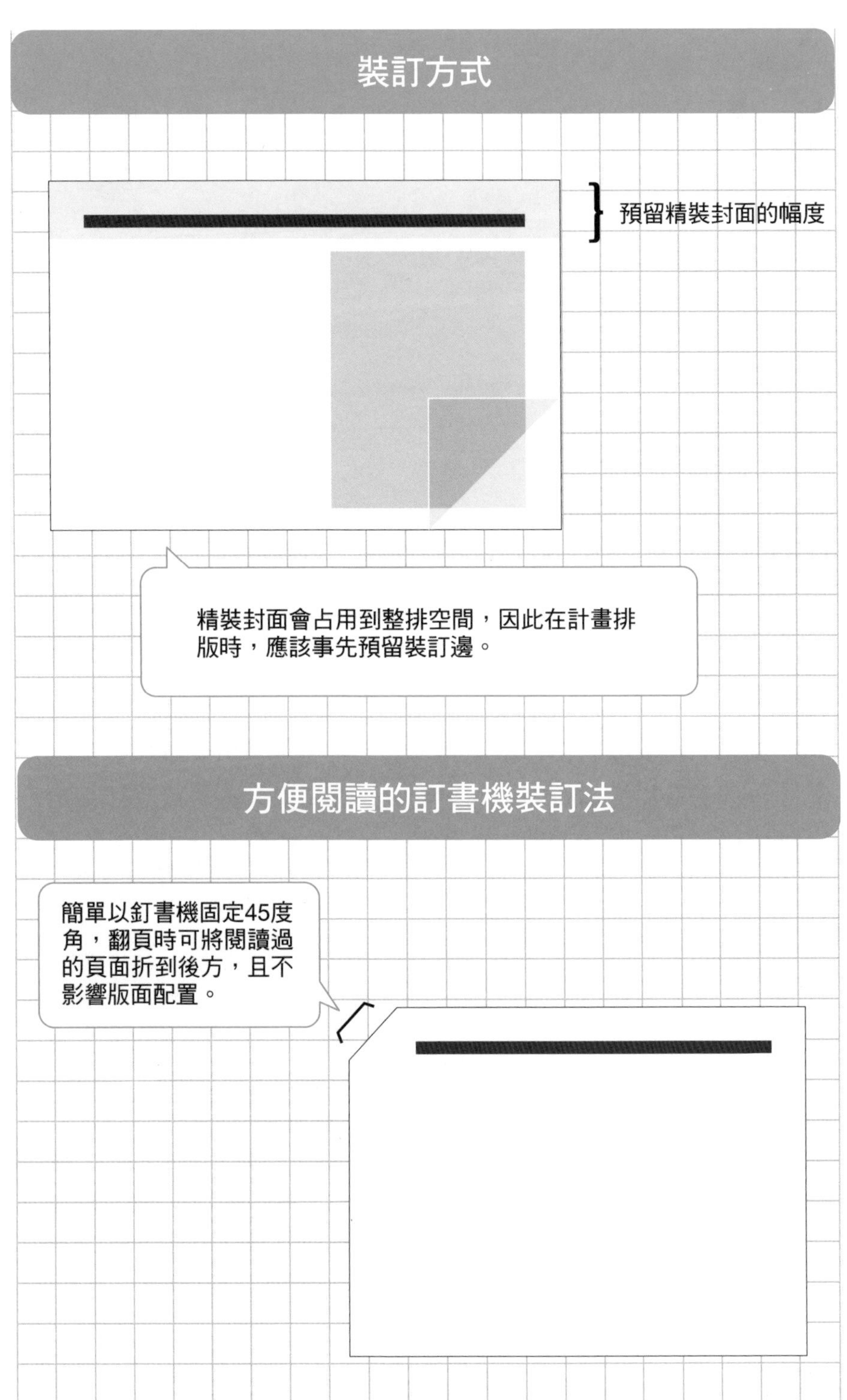
裝訂方式
預留精裝封面的幅度
精裝封面會占用到整排空間，因此在計畫排版時，應該事先預留裝訂邊。
方便閱讀的訂書機裝訂法
簡單以釘書機固定45度角，翻頁時可將閱讀過的頁面折到後方，且不影響版面配置。

Goal 目標→對方對資料的第一印象如何？

跟對方確認寄送過程了嗎？沒收到你就白搭！

Whom 目標對象是誰？

→ 信封是資料的門面

依序完成準備工作，終於來到把資料交到對方手中的階段。這時需要特別注意，**絕大多數的決策者，都希望能與具有常識的人共事，如果資料沒有具備基本常識，往往難以獲得決策者的青睞。**

其實，從看到信封的那一刻開始，決策者就在進行審查工作了。裝有資料的信封袋，如果明顯缺乏常識，對方或許連拆都不願意拆。

舉例來說，信封上沒有標明收件人跟負責人名稱，對方必須打開信封，才能知道內容的細節，這對決策者而言是件很麻煩的事。明明拿到信封袋，還要思考「裡面究竟裝了什麼」。所以，信封上要標明正確的姓名資訊，並在角落標示「○○資料」來告知內容，對方才能放心打開信封閱讀。順利通過這一道關卡後，才算是正式躍升到決勝舞台。

→ 重視先後順序，循序漸進引導

當決策者是特定人物，就要盡力以簡單明瞭的方式傳達資料內容。如果決策方是企業組織等，需要複數管理職同意、簽章，或必須經過會計或法務等部門審核時，對方可能會要求詳細的書面資料，例如：產品介紹或估價單等。

如果將所有細部資料提供給每位相關人士，可能會節外生枝，造成不必要的誤會，反倒無法達成決策目標。所以**基本上，「附加的相關資料只提供給需要的人」**。如果主動附上所有資料，會顯得過於繁雜，以附加形式提供會是比較好的方式。

附加資料的部分，也應該依不同資訊類別提供。紙本的格式大小如果有所差距，可以依照尺寸大小和直式、橫式的方向整理起。主要資料置於最上方，複數的附加資料按照優先順序排列在後，就能有效引導閱讀。

→ 決定成敗的3種送件方式

資料的送件方式主要有三種：①親手送上、②實體寄送、③線上寄件。①可以保障確實送到對方手中，並且禮貌性地打招呼。如果舉止得宜，將為個人印象加不少分數。

如果是企業外的對象，有時就必須使用②的方式，以郵寄或宅配方式來寄送。這時信封的書寫方式以及包裝，就顯得特別重要。人名或郵寄資訊出錯，或信封外包裝顯得破破爛爛，第一印象都會被大打折扣。

要選用適合資料尺寸的信封，細心寫上收件人與寄件人相關資訊。最好能手寫導讀信件或便條，並且放在資料最上方。在閱讀資料之前，手寫的訊息可以讓決策者感受製作者的誠意，並且能更迅速理解資料內容。

近年來，商業資料有走向③線上寄件的趨勢，一般以電子郵件為最大宗。如果是企業外的對象，由於外部收信容量限制的關係，一旦資料檔案過大，可能會被伺服器擋件。因此，當收件人是企業外的對象，最好先詢問過再寄件。傳送較大檔案時，可以應用雲端鏈結等網路服務。

POINT

- 良好的資料閱讀體驗，從拆封前開始。
- 掌握對方所希望的收件模式。

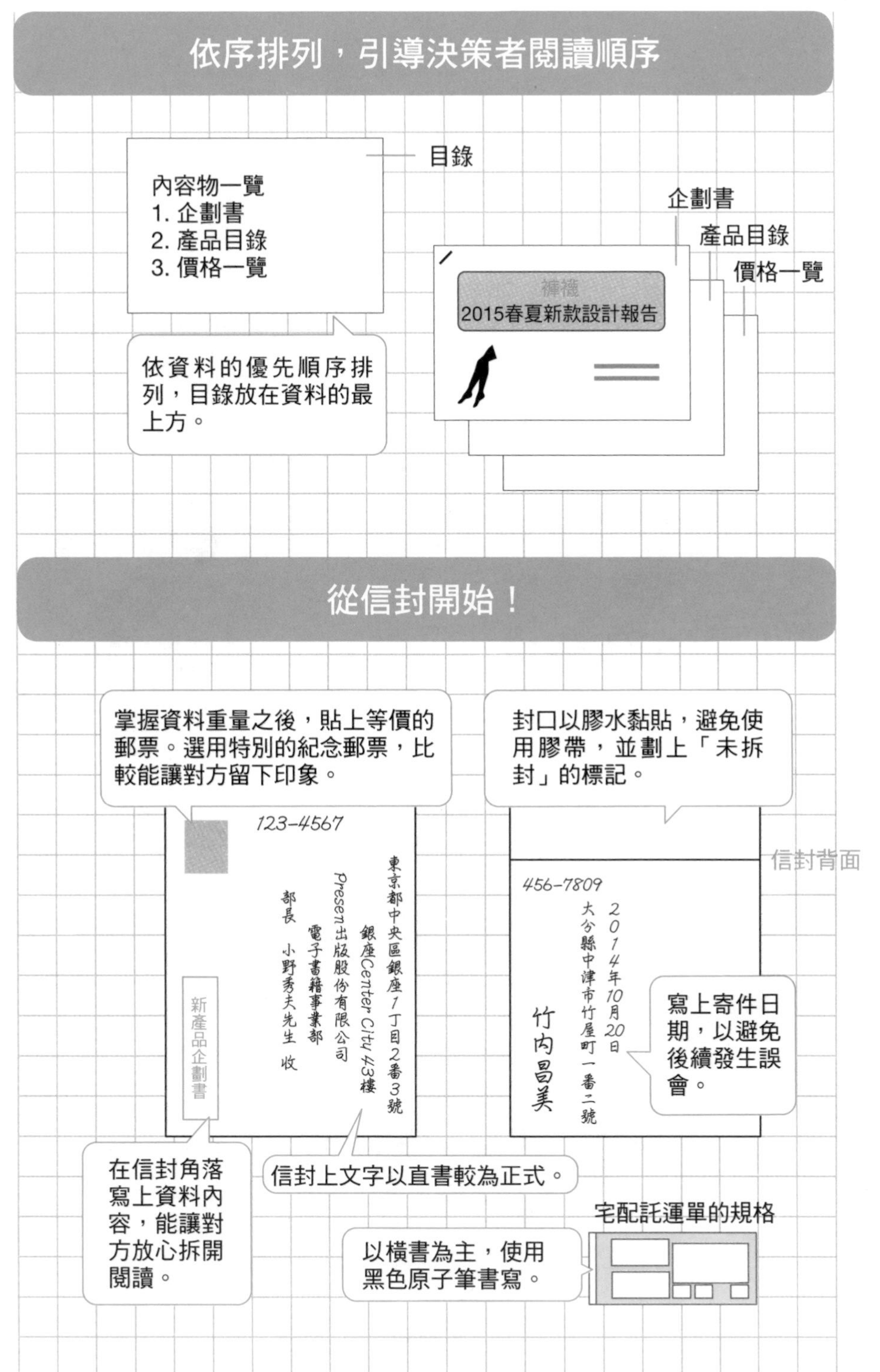
依序排列，引導決策者閱讀順序
目錄
內容物一覽
1. 企劃書
2. 產品目錄
3. 價格一覽
企劃書
產品目錄
價格一覽
褲襪
2015春夏新款設計報告
依資料的優先順序排列，目錄放在資料的最上方。
從信封開始！
掌握資料重量之後，貼上等價的郵票。選用特別的紀念郵票，比較能讓對方留下印象。
封口以膠水黏貼，避免使用膠帶，並劃上「未拆封」的標記。
123-4567
東京都中央區銀座1丁目2番3號
銀座Center City 43樓
Presen出版股份有限公司
電子書籍事業部
部長　小野秀夫先生　收
新產品企劃書
信封背面
456-7809
2014年10月20日
大分縣中津市竹屋町一番二號
竹內昌美
寫上寄件日期，以避免後續發生誤會。
在信封角落寫上資料內容，能讓對方放心拆開閱讀。
信封上文字以直書較為正式。
宅配託運單的規格
以橫書為主，使用黑色原子筆書寫。

實戰 I

九個專家級技巧，一次學會！

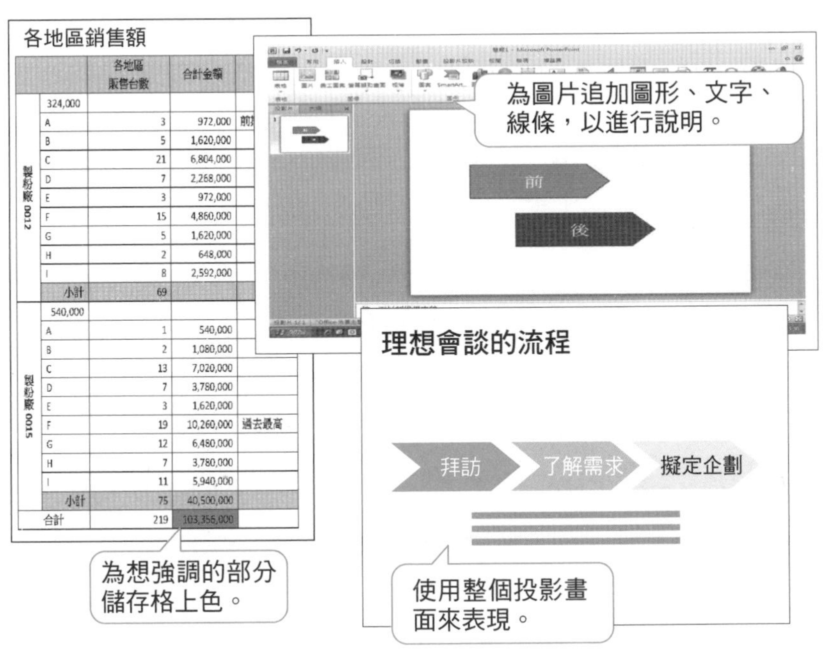

		各地區販售台數	合計金額	
製粉廠 0012	324,000			
	A	3	972,000	前
	B	5	1,620,000	
	C	21	6,804,000	
	D	7	2,268,000	
	E	3	972,000	
	F	15	4,860,000	
	G	5	1,620,000	
	H	2	648,000	
	I	8	2,592,000	
	小計	69		
製粉廠 0015	540,000			
	A	1	540,000	
	B	2	1,080,000	
	C	13	7,020,000	
	D	7	3,780,000	
	E	3	1,620,000	
	F	19	10,260,000	過去最高
	G	12	6,480,000	
	H	7	3,780,000	
	I	11	5,940,000	
	小計	75	40,500,000	
合計		219	103,356,000	

技巧 1

用框線和儲存格，強化表格重點

→ Excel的效果最好

資料中的表格，通常以Excel製作的效率最佳，不僅能使用計算功能，也可以直接複製到Word和PowerPoint使用。

標題（第一行）是整體表格內容的代表，最好能讓決策者留下深刻的印象，因此必須加入不同效果，作為重點提示。具體來說就是改變字型、尺寸、顏色，或為儲存格上色。

儲存格（行）中的文字一律靠左對齊，數字靠右對齊，或以小數點作為對齊的基準，置中對齊則會讓內容看起來更顯眼。文字和數字對齊的位置不同，能在表格中產生適當空白，讓視覺觀感不至於紊亂。

跨兩行以上的較長標題，必須視內容強制換行，才能完整表達文字的意思。此外，計算數值的合計欄，也是需要特別強調的項目之一，可以使用跟標題行同樣的方法來提示重點。

如果放大標題和合計欄的文字，儲存格的空間會被壓縮，此時就需要調整框線高度及寬度，預留舒適的閱讀空間。

→ 框線能夠改變閱讀模式

對表格閱讀順序影響最大的，就是框線的應用法。最常見的情形就是，整個表格中框線的粗細度跟顏色都完全相同，全黑線條在縱橫交錯的情況下，讓紙面顯得一片黑，閱讀起來會有些壓力。所以要適時消除部分框線，改變線條樣式、粗細和顏色等，才能更凸顯想強調的內容。

比較鮮為人知的是，**表格的框線可以有各種不同變化**，某些表格甚至可以不包含任何框線。

在Word中，如果想列出複雜的條例，只有文字可能會顯得過於單薄，此時就是表格派上用場的時候。在表格與框線的輔助下，文字會更容易整理及閱讀。

數字有時會伴隨個數等單位名稱，如果能統一標示在表格外，減少表格內的文字量，資料看起來會更簡單明瞭。

由於三位數以上的數字要額外加入「,」（千位分隔符＝逗號），因此有時會出現「千人」、「百萬元」等單位。像這種時候，一旦出現56千、23百萬等複合數字時，閱讀者可能一時難以轉換成正確數字。所以，在最初輸入數據資料時，以「萬人」為單位就標示成「5.6」，以「萬元」為單位就用「2,300」來表示，閱讀起來會比較流暢且容易理解。

- 運用製表技巧，強調重點項目！

		各地區販售台數	合計金額	備註
製粉廠 0012	324,000			
	A	3	972,000	前期
	B	5	1,620,000	
	C	21	6,804,000	
	D	7	2,268,000	
	E	3	972,000	
	F	15	4,860,000	
	G	5	1,620,000	
	H	2	648,000	
	I	8	2,592,000	
	小計	69		
製粉廠 0015	540,000			
	A	1	540,000	
	B	2	1,080,000	
	C	13	7,020,000	
	D	7	3,780,000	
	E	3	1,620,000	
	F	19	10,260,000	過去最高
	G	12	6,480,000	
	H	7	3,780,000	
	I	11	5,940,000	
	小計	75	40,300,000	
合計		219	103,356,000	

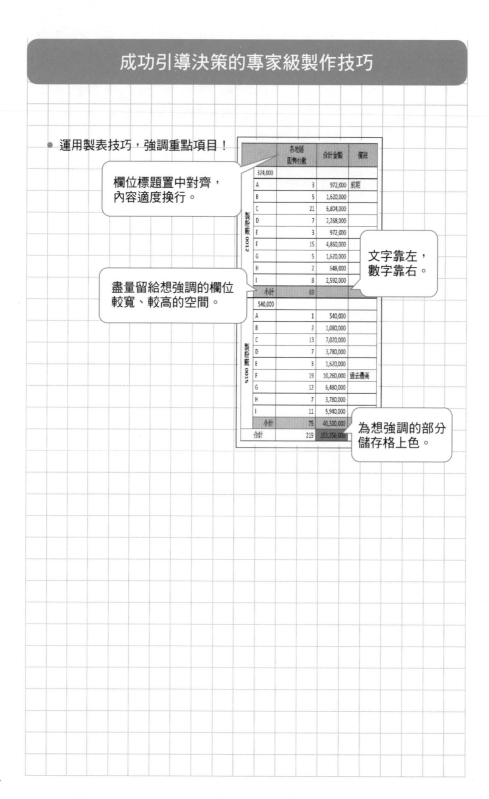

欄位標題置中對齊，內容適度換行。

文字靠左，數字靠右。

盡量留給想強調的欄位較寬、較高的空間。

為想強調的部分儲存格上色。

技巧2

藉由圖像與圖解，引導聽者加深理解

→ 圖像＋文字促進直覺思考

插圖和照片等圖像，是能夠直接將訊息傳達給閱讀者的重要視覺效果。不擅長電腦繪圖的人，可以選用市售或網路上的各類圖片資源。像是在網路搜尋引擎中輸入「免費 圖庫」等關鍵字，就能找到許多不用擔心違反著作權，可供自由使用的插圖與照片。

在使用這類圖像資源時，要特別注意插圖、照片的風格。舉例來說：較正式的資料要避免使用漫畫風的插圖；說明兩性關係時，若男性使用外國人的圖片，女性卻選用日本人的圖片等，都會造成比對上的不協調。**文字與圖像風格一致，才能統一整體資料的內容。**

圖像可以作為資料中的裝飾，進化型則是「圖解」，也就是以圖像輔助說明複雜的資料內容，使閱讀者更容易理解。以圖像為基礎，加上□或○等圖形，用線條做連結，再加上補充說明，就成了實用的圖解。例如：在男性與女性的圖像之間加條橫線，下面放張小學生的圖像，再加上「夫」、「妻」、「子」的文字，就完成一張基本的家庭關係圖。

如果找不到理想的圖片，也可以自製一些簡單象形圖來協助解說。像是在○和□的圖形組合中上色，將中間的線消除，看起來就會像建築物之類的形狀。再加入圖像或文字等要素，就成了一張自製圖。

→ 拆解圖像，選擇所需部份

你知道有些圖片可以拆解嗎？只要在圖片上點選右鍵，從「群組化」中選擇「解除」，就能夠分解成不同的組件，可以從其中選擇需要的部分，進行加工、使用。同樣地，Office系列提供的Smart Art圖形，也可以進行分解、刪除，只採用需要的部分。

最後再介紹一種組合圖形和文字，完成獨立圖像的方法。使用PowerPoint時，在繪製的圖案或圖片上加入文字資訊，再框選所有物件，接著點擊滑鼠右鍵，選擇「以圖檔保存」，就能簡單完成自製LOGO和原創的圖像，活用於資料當中。

以圖像帶動直覺思考

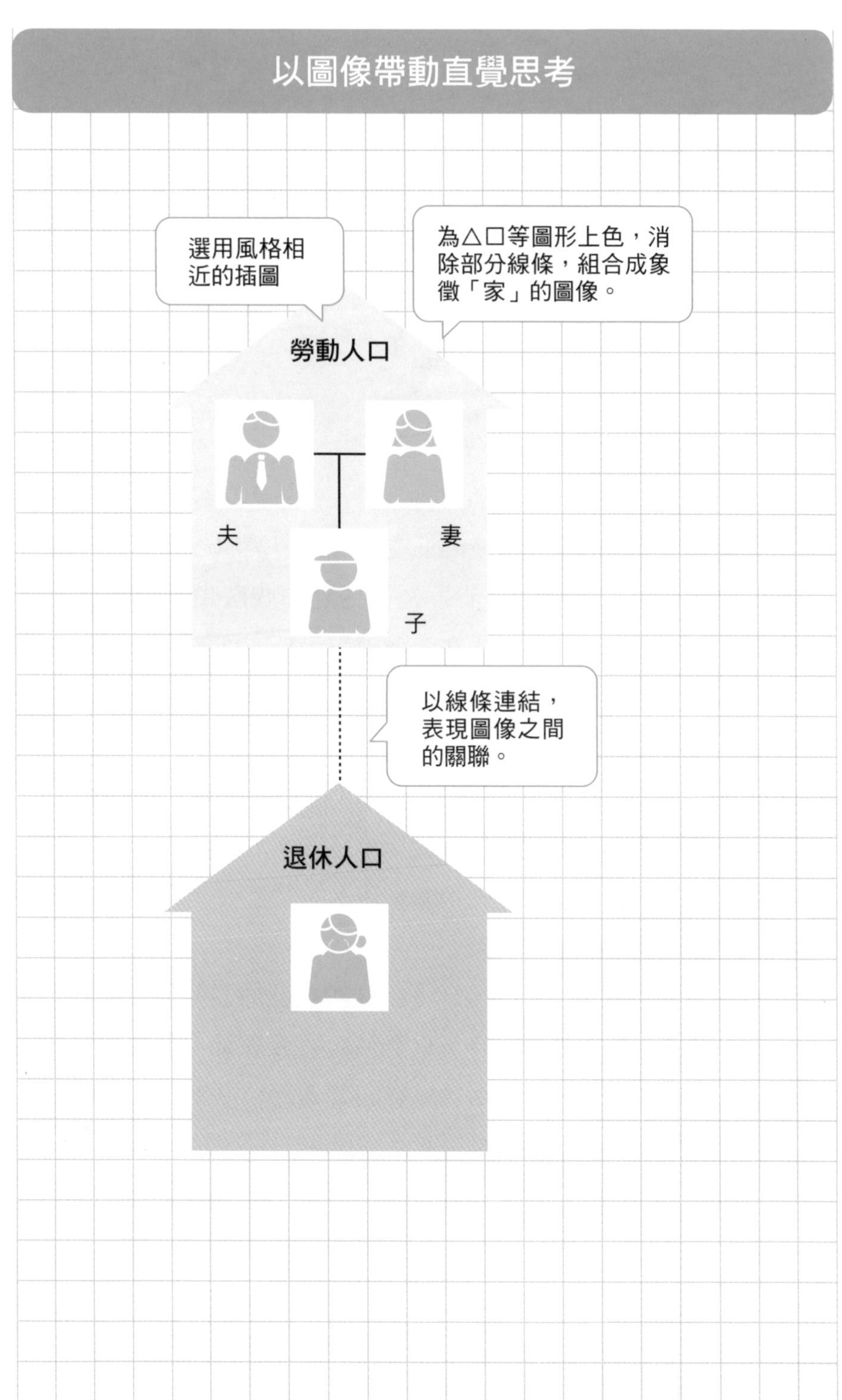

選用風格相
近的插圖
為△□等圖形上色，消
除部分線條，組合成象
徵「家」的圖像。
勞動人口
夫
妻
子
以線條連結，
表現圖像之間
的關聯。
退休人口

技巧3

加入照片和截圖，添增真實感

→ 自己拍攝需要的照片資料

正如STEP4所提，現成的插圖和照片，使用起來相當方便，但在製作某些資料時，多少還是會遇到一些瓶頸。例如想介紹「新店鋪周遭的環境」、「在合羽橋發現超方便的餐具」等，不一定都能在網路上找到。**有時為了傳達正確訊息，增加資料原創性，自己拍攝的照片會是最好的選擇。**

不一定需要專業攝影技巧，只要畫面夠清楚，也可以使用數位相機或手機拍攝的照片。就算不是當下需要的照片，只要覺得能用於資料中，都可以先拍攝備用。有時反而能從拍攝的照片中，衍生出企劃靈感。

在拍攝照片時，有幾個小技巧能讓成品更容易應用於資料中。**①拍攝全體畫面的同時，也要兼顧局部畫面。②除了正面，也從各個角度拍攝。③分別拍攝有開閃光燈和沒開閃光燈兩種效果。④用電腦、手機軟體校正照片亮度。**

用自己拍攝的照片，在進行說明時會比較清楚，既能提升資料整體說服力，也不用擔心著作權問題。

→ 利用截圖效果

在說明電腦操作方法的簡報中，如果能讓聽眾看到實際的操作畫面，通常有助於理解。像這種時候，螢幕畫面的「截圖」功能就派上用場了。只要按下鍵盤上的「PrtSc」或「Print Scn」鍵，就可以將電腦螢幕上的畫面即時保存下來。可以透過影像處理軟體進行編輯，或直接貼在Word等文書軟體中。

無論是照片或從電腦截圖的圖片，都可以在影像處理軟體中進行顏色調整，應用各種濾鏡，或操作裁切、拼貼、邊框、輸入文字等功能。可以用箭頭、線條直接強調照片的說明文字，或螢幕截圖中的重點。比起先編號、後續再補充說明，直接在旁以簡單文字說明，更能有效傳達重點。

對於平常沒有使用影像處理軟體的人來說，這樣的照片加工方式可能會有些複雜。如果在操作上覺得困難，可以優先考慮使用手機的圖像編輯App來簡單處理。成品用在A4左右大小的資料中，仍綽綽有餘。

此外，不管任何格式，請記得確實儲存原始檔，再進行複製與編輯。如果不小心操作失敗，還能夠隨時重新開始。

使用電腦畫面截圖，正確傳遞重要資訊

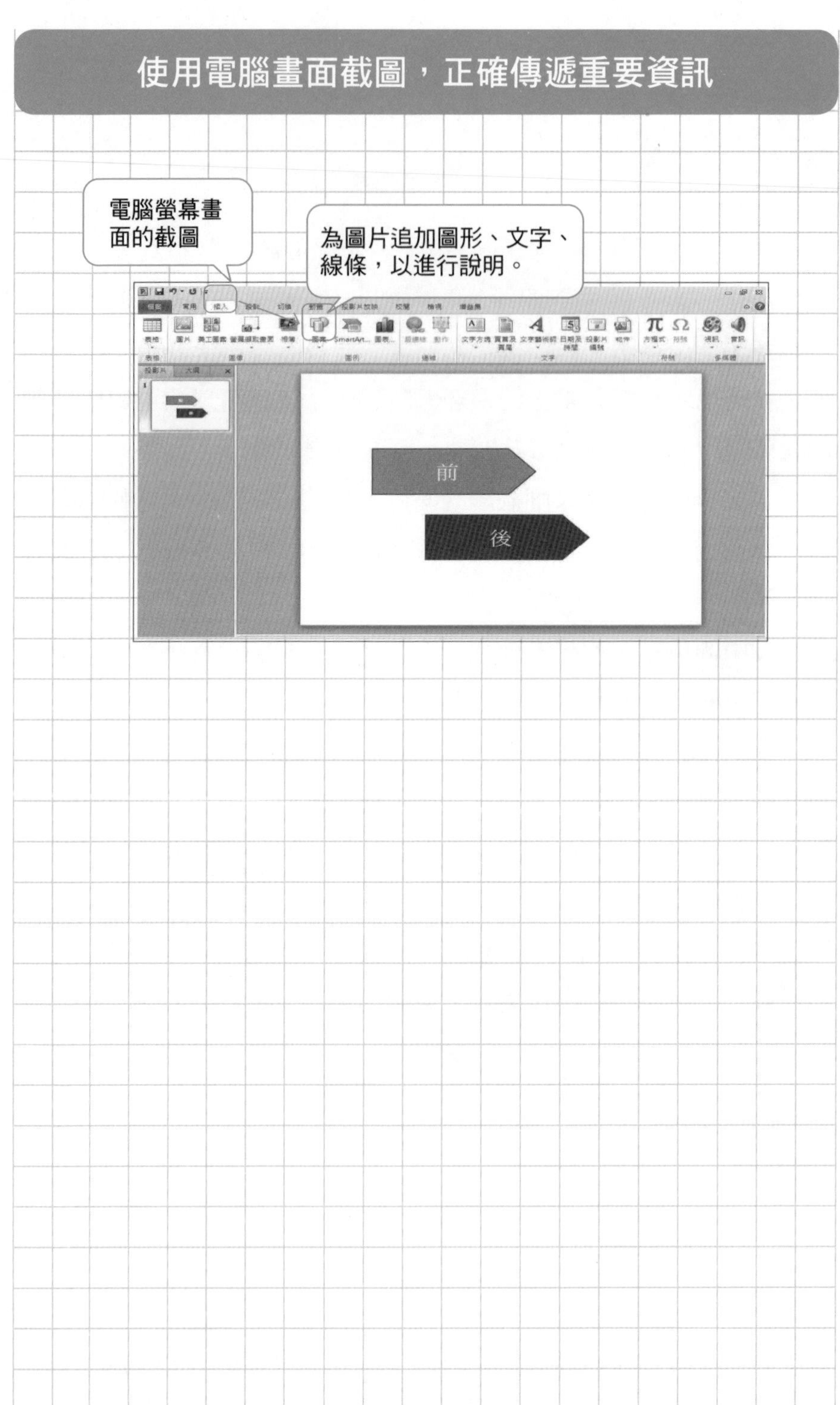

物件排列井然有序，穩定版面整潔

→ 透過對齊和等距功能，讓版面更整齊

文字與圖像的排列方式，會影響資料版面給人的第一印象。光看文字與圖像的排序，就能讓人感受到製作者井然有序的風格。

PowerPoint和Word當中的「尺規」調整模式，以及「格線」、「輔助線」等線條功能，可以協助分配物件位置，以及確認整體版面的平衡。

對齊

在表格與框線的工具列中，有一項工具圖形可以調整對齊方式。選擇所有需要調整的物件後，直接點選「向上」、「向下」、「置中對齊」等項目即可。

間隔

當資料中有複數物件時，調整適當間距很重要。選擇所有物件後，透過格式工具列上的「左右對齊」、「上下對齊」等功能，可以調整出同等的間距。

調整大小

調整物件的形狀和大小，也能提升資料版面的整體感。舉例來說，照片A是8cm×4cm的長方形，插圖B是5cm的正方形，照片B是7cm的圓形等，這些不同形狀大小的圖像，即使對齊或設定等距，還是會讓版面看起來缺乏一致性。

這時，要以其中一個圖像為標準，放大或縮小其他的物件。例如：**直向對齊時要調整長度，橫向對齊時要調整高度**，才能統一版面的視覺效果。

→ 連結圖片的注意事項

在圖解中使用線條連結物件時，也有幾個特別需要注意的事項。例如：箭頭的起點和終點是否與物件連結？從哪個部分連出去？又連接到哪個部分？如果沒有決定這些細節，圖解版面會看起來缺乏整體感。

由於確認每一項細節得花上不少時間，基本上只要遵守「從圖像的中央連結到另一個圖像中央」這個原則，通常不會有太大問題。

如果是箭頭，會分成起點和終點，並兼具移動、改變的意義。因此，要使用普通線條或箭頭連結，都必須根據圖解的實際內容進行調整。

利用格式工具，讓資料版面井然有序

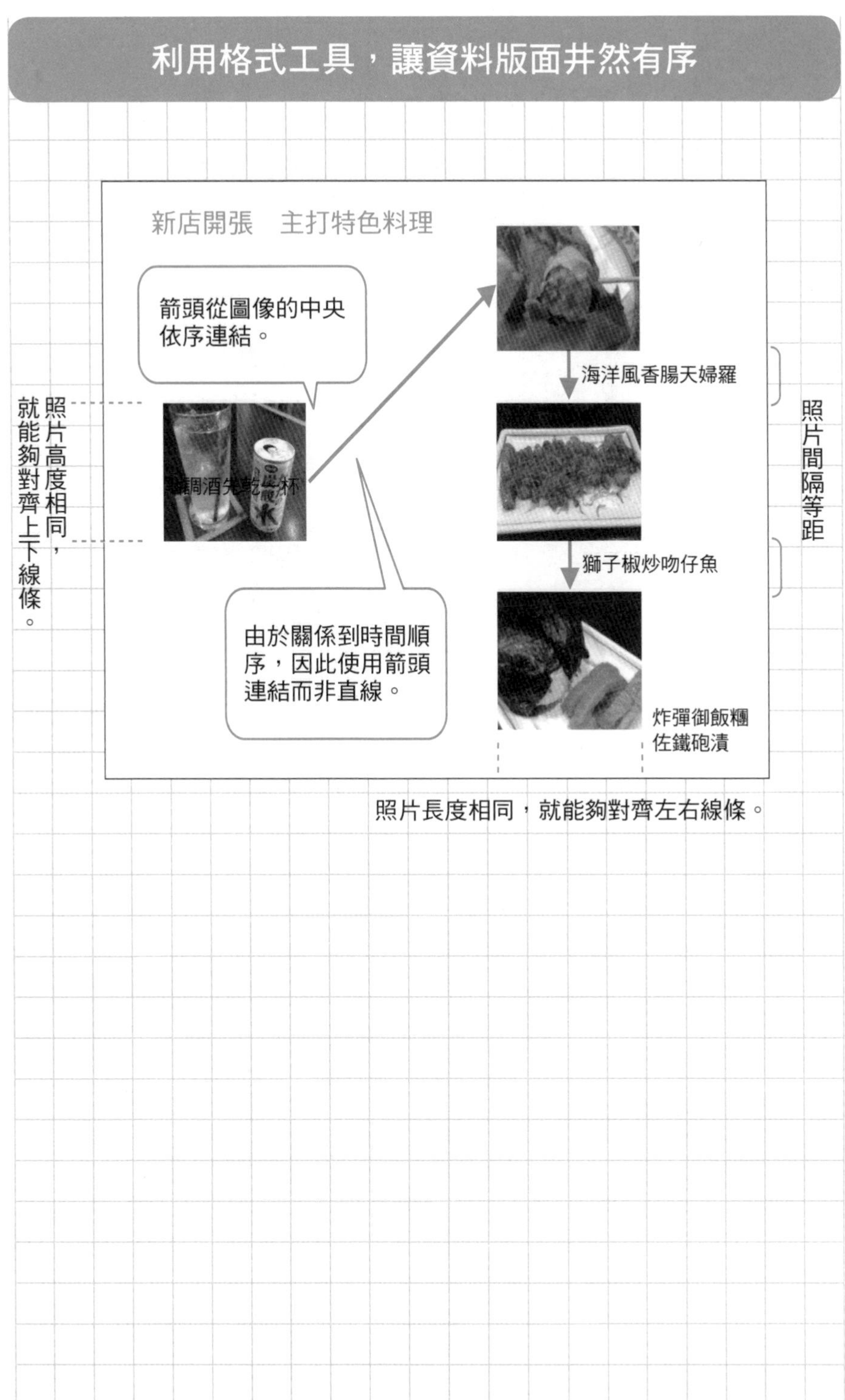

技巧5

設定投影片母片，有效凸顯特色

→ 套用母片格式，讓風格一致化

前述內容曾經強調，選定排版樣式和活用頁首頁尾的重要性。我想許多資料中沒有標註頁碼的原因，只是因為製作者不熟悉設定方式，所以在此做個簡單介紹。以下將列舉內容跨多頁，並且必須製作完整封面的PowerPoint資料為例。

資料的排版樣式，可以透過**「投影片母片」**這個功能來設定。由於要分別設計封面及內容的版面，因此至少要製作兩種，有時依內容不同，也可以製作目錄或扉頁的母片，從中選擇線條、圖像等元件，LOGO、字型、大小、顏色、位置等，所有項目都可以在母片設定中進行變更。

無論一開始選擇哪一種母片，版面配置都算基本款，無法展現出任何風格。因此第一步可以從決定主題顏色開始，先調整各部分的顏色設定。只要在母片進行設定，之後的任何新頁面都可以複製相同格式，輕鬆完成基礎的版面配置。

→ 自動設定頁碼

接下來，就是會影響簡報流程的頁碼標示設定。頁碼可以從「插入」的「頁首及頁尾」中進行設定，並在「投影片編號」中打勾。此外，頁尾也可以設定「版權標記」、「企業名稱」、「資料機密等級」等標示。

由於大部分封面不會標明頁碼，可以事先在「標題投影片中不顯示」中打勾。之後只要點選「全部套用」，就會在所有頁面中自動標示頁碼了。

這種狀態下，原本封面的頁碼設定還是「1」，只是沒有顯示出來，而第一頁內容的頁碼會自動變成「2」。因此，要進一步在「設計」索引標籤中的「投影片大小——自訂投影片大小」中進行設定。將「投影片編號起始值」設定為「0」，就可以讓投影片第一頁的頁碼從「1」開始。即使更改順序或增加、減少頁數，頁碼都會自動更新。

投影片母片的功能雖然方便，但也跟資料內容一樣，**請先備妥基本版面的設計圖，再開始進行作業，才能高效率地完成細節設定。**

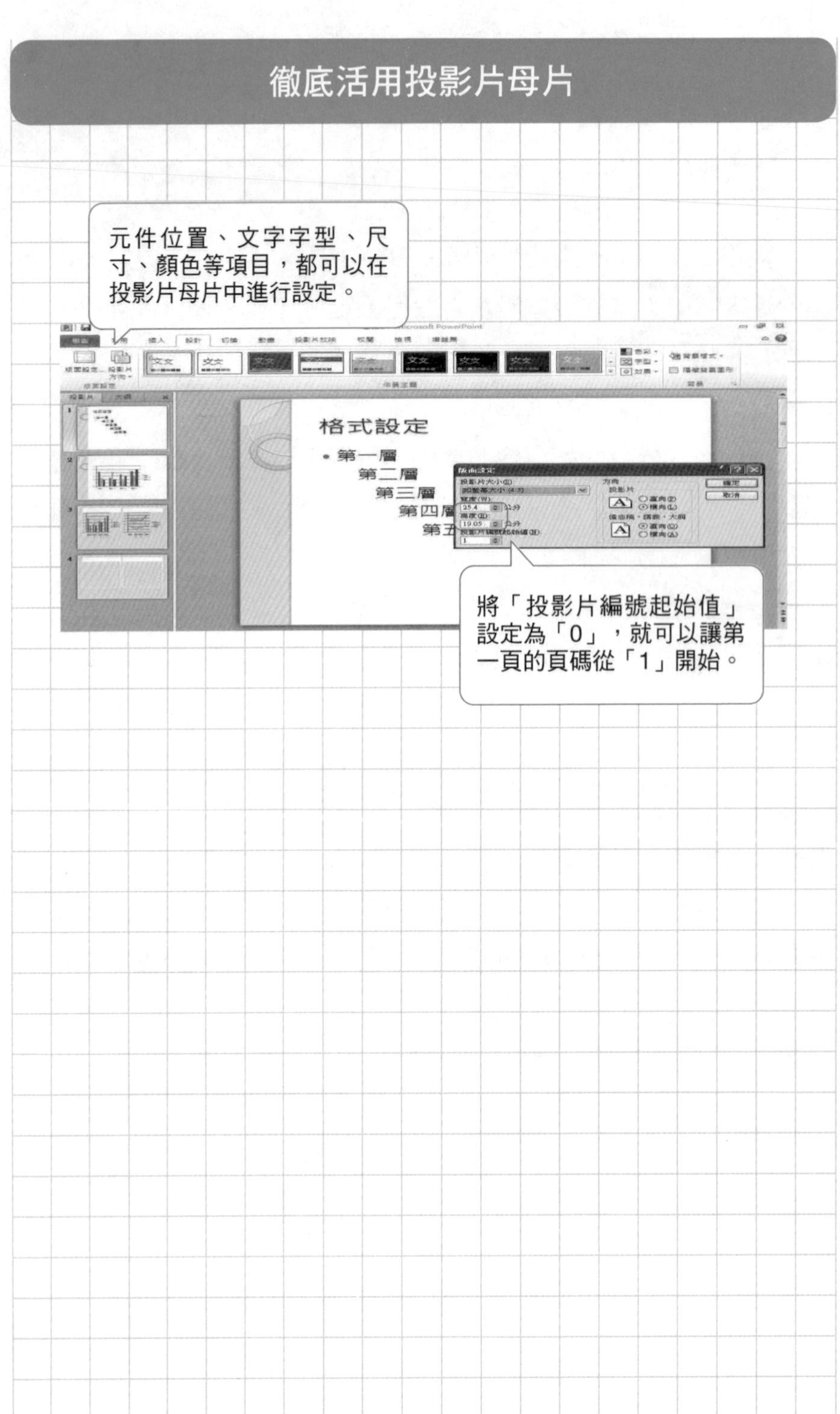
徹底活用投影片母片
元件位置、文字字型、尺寸、顏色等項目，都可以在投影片母片中進行設定。
格式設定
第一層
第二層
第三層
將「投影片編號起始值」設定為「0」，就可以讓第一頁的頁碼從「1」開始。

技巧6

PPT翻頁、動畫及彈出功能，激發對方好奇

→ 適時使用特效，集中觀眾注意力

在現場簡報中，能有效吸引觀眾的注意力，並進一步引導至決策目標的方法，就是PowerPoint的動態效果。動態效果又分為①翻頁特效和②動畫特效兩種。

①翻頁特效，是移動到下一個頁面時的效果。閱讀者能夠自由翻閱紙本資料，但在執行簡報時，就要用投影片控制各種翻頁細節。透過翻頁特效，能讓觀眾對後續內容產生好奇心，這種期待感是紙本資料無法呈現的。

②動畫特效，是讓文字和圖像依序出現，再加上旋轉等動作產生的視覺效果。

當資料內容較多時，若讓觀眾一次看到畫面中所有訊息，對方可能會不知道應該從哪邊看起。如果內容中標明A至C的順序，在說明A項時，畫面只顯示出A項的文字和圖像，就能避免觀眾先看後面的內容，而沒有專心聽A項的說明。

→ 淡出效果能凸顯關鍵字

在簡報中，動態效果大多會被用在凸顯文字或圖像上。這邊要特別介紹兩種比較不常見的淡出特效。

在電視的專題節目中常會看到，在一種紙板或木板上把重要訊息用紙片遮起來，等到要詳細介紹時，才會把紙張掀開，揭露謎底的作法。這種若隱若現的手法，能促使人產生想看、想知道的好奇心，瞬間匯集眾人的目光。這種方法也可以應用在製作投影片上，例如：輸入關鍵字後，用圖形覆蓋住，再活用動態效果，逐步透出圖形下的文字等。

第二種是局部提供資訊的手法。讓觀眾看到介紹的物件，再從畫面中消除，接著介紹下一個項目，重複這樣的過程，最後再放上全部的內容。等於是在解說A內容時，投影片上只出現A的相關內容，讓觀眾集中注意力在唯一資訊上。

但需注意的是，要避免在一個頁面中使用過多動態效果。太多特效會使觀眾注意力渙散，搞不清楚原本主旨。所以，**最好從頭到尾都使用同一種翻頁效果，只在少數幾個頁面使用動畫特效。**這樣才能讓觀眾有充分的休息空間，將注意力集中在特定重點上。

如果是以電子郵件等方式交寄資料檔案，也請告知對方要使用投影片功能看過，才能完整呈現原本的動態效果。

淡出特效的專家級技巧

在輸入關鍵字之後，用圖形覆蓋，再運用動態效果，逐步透出下方的文字。

只要改變一下順序……

就能省下5分鐘的時間！

■公司業務改善方案

1　打掃
2　員工朝會
3　部門會議

① 一開始先放上有1、2、3的頁面。
② 介紹只有1的頁面。
③ 介紹只有2的頁面。
④ 介紹只有3的頁面。
⑤ 再放一次有1、2、3的頁面，以強調重點。

投影片合計共5頁

技巧7

投影與紙本的重點不同，使用時得多點巧思

→ 投影片與紙本資料的視覺差異

使用PowerPoint製作資料的一大優點，就是能同時做好投影片，以及現場配發的紙本資料。由於投影機及螢幕大多是橫向播放，因此實體資料也以橫向為主。

有些人會印出投影片，直接當作企劃書提交出去。我就曾看過一頁中擠了二、三個，甚至是六個投影畫面的企劃報告，實在讓人不敢領教。

首先，最大問題是過度縮小的文字會變得很難閱讀。就算在螢幕上像大字報，印出來也不容易看清楚。因此製作資料的專家，會在印出書面資料之前再多花點工夫處理。

舉例來說，投影片可以利用頁面中所有的空間，但紙本資料還必須考慮預留裝訂邊、頁首頁尾等空間。如果沒有考慮這點，上下兩側跟左方的資訊可能會被遮住，或者印刷出的整體內容呈現偏移。具體來說，**裝訂側在左邊的紙本資料，整體內容要比投影片更往右移一些**。

另外，有些投影片是使用黑色等深色背景，再加上白色等淺色文字強調重點。但如果印成紙本資料，會是一整張黑色的紙，

大多數人都不習慣閱讀這樣的顏色配置。除了印刷上比較花時間，也十分浪費墨水或碳粉。可考慮以白底黑字的方式，重新製作頁面檔案，以便印刷或複印，較不會為閱讀者帶來視覺壓力。

→「增加」與「減少」資訊

先製作投影片，再更改成紙本資料時，又分為①「減少」資訊的紙本資料、②「增加」資訊的紙本資料。

減少資訊是指投影片因特效而產生較多頁數時，印刷成紙本可以縮減分量。此外，像機密情報等只有在現場報告時會提到的內容，通常也不會收錄在紙本資料裡。**在印刷工作之前，請先區分簡報與紙本資料的資訊差別。**

若將說明文字全放入投影片，會變得不易閱讀，所以通常紙本資料的情報量多於投影片。即使投影片上只簡單條列出幾項重點，為了後續能作為參考，通常會在紙本資料中加入詳細說明文字。

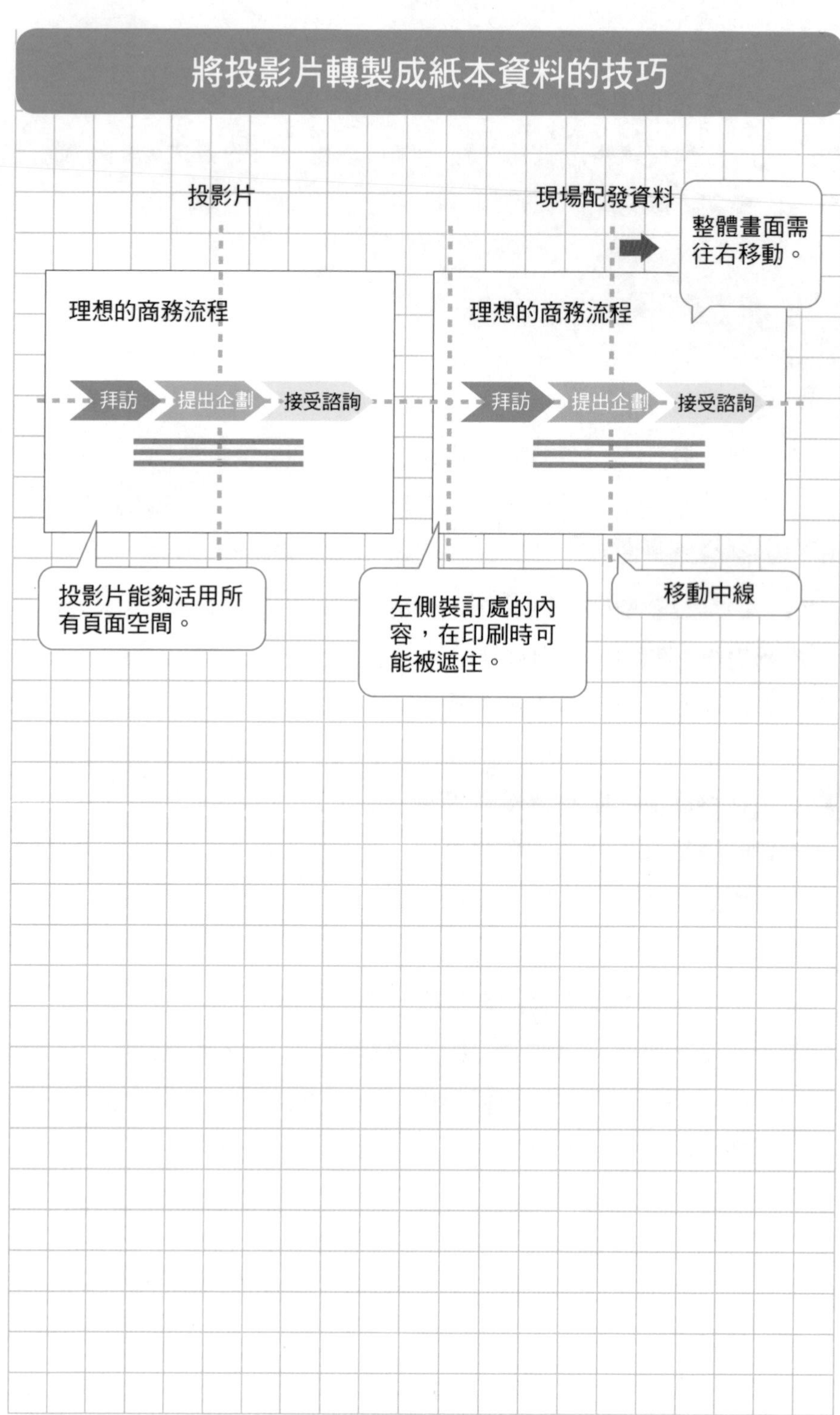
將投影片轉製成紙本資料的技巧
投影片
現場配發資料
整體畫面需
往右移動。
理想的商務流程
拜訪
提出企劃
接受諮詢
理想的商務流程
拜訪
提出企劃
接受諮詢
投影片能夠活用所
有頁面空間。
左側裝訂處的內
容，在印刷時可
能被遮住。
移動中線

技巧8

設定排練計時功能，適當調整頁數和資料量

→ 方便掌握時間和頁數

在製作頁數較多的PowerPoint資料時，「投影片放映」索引標籤中的「排練計時」功能，可以清楚預測適合的頁數。

按下排練計時之後，開始逐頁進行簡報說明，系統就會自動記錄各頁需要花費的時間，並以整體花費時間進行說明。當實際花費時間比預期長，就知道是簡報的資訊過多。有些人發現時間太趕，所以會加快說明的時間，但這麼做就有點本末倒置了。

在開始製作資料時，就應該先掌握想表達的重點。使用以秒為計測單位的排練計時功能，就能進一步掌握哪一頁花太多時間，哪一頁則太短等等。之後再**根據重要程度和時間比重，調整頁數及頁面中的資訊量**。資訊量減少，但時間仍然不夠用時，就請直接縮減頁數吧。

這個功能同樣能活用於紙本資料。排練計時功能可以默讀資料內容，並且計算閱讀所需時間。決策者隨手翻閱，掌握其中內容的時間頂多是一至二分鐘，如果排練計時顯示要花費更多時間，就應該設法減少內容。

→ 設定自動播放，循環進行介紹

PowerPoint的動態效果，無法呈現在紙本上，容易被決策者忽略。因此，可以在投影片放映設定中的「自動播放」，設定相關細節。只要告知接收檔案的一方，選擇「從頭播放」，就能依序閱讀簡報內容。

進一步加入聲音（語音）檔案，即使無真人在場選明，也能進行自動簡報。開遠距會議時可以此取代部分說明，在展覽間或會場展示時，也能循環播放以進行介紹。

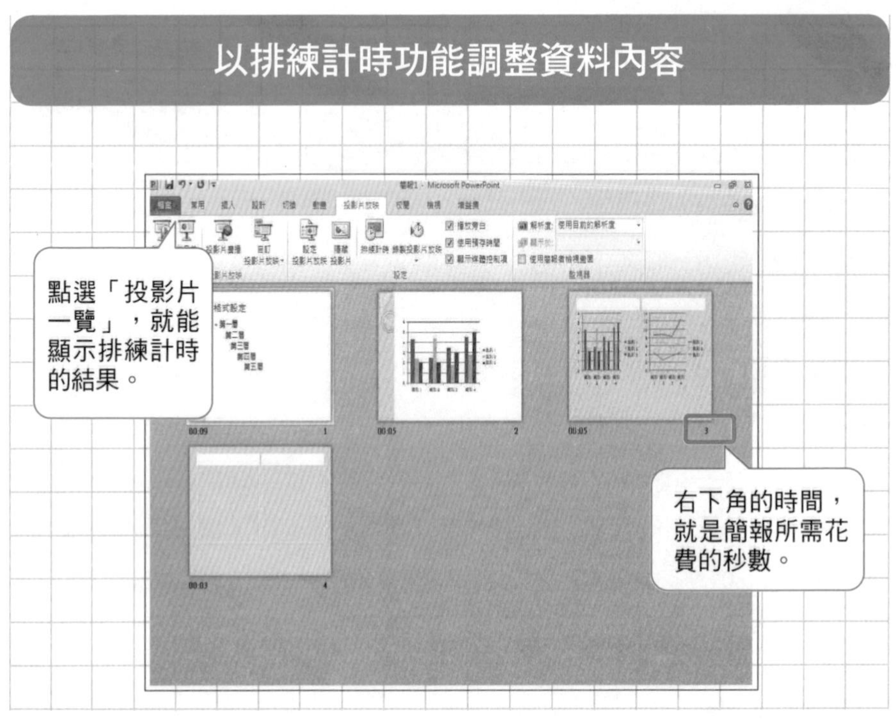

技巧9

備妥紙本資料，因應簡報突發狀況

簡報現場有許多突發狀況

簡報資料幾乎都是在公司內製作，但實際進行卻常在外部會議、展覽當中。很多時候紙本資料不會發生的問題，很容易發生在投影片上。這邊就讓我來介紹幾個曾遇過的實際案例。

問題1：預先寄給單位的投影片檔案，在現場投影時才發現字型不對，文字也跑出圖形外，整體版面變得亂七八糟。

問題2：用Windows系統製作的資料檔案，透過Mac系統進行投影，發現畫面跟原本製作的完全不一樣。

問題3：自己的電腦顯示比例是4：3，製作出的簡報內容卻投影在16：9的展場螢幕上，變得又歪又扁。

問題4：平常都是使用滑鼠來操作筆記型電腦，但會場沒有備用滑鼠，由於不太熟悉觸控功能，導致簡報時手腳大亂。

問題5：在準備簡報時，筆電的電源線突然斷了。

→ 如何避免問題發生

接下來，我將以過來人的立場，逐一介紹解決方法。

方法1：以「在其他電腦上格式都會跑掉」的狀況為前提，隨時自備PDF檔案，並且提早抵達簡報現場，當場進行格式修正。

方法2：攜帶自己的筆記型電腦，以避免不同系統造成格式錯亂，無法搶救。

方法3：事先跟單位確認現場的螢幕顯示比例。

方法4：預設現場沒有備用滑鼠，攜帶自己慣用的滑鼠。習慣使用雷射筆進行簡報的人，也記得要隨身攜帶。

方法5：事先向單位確認是否有備用電源線，並自行攜帶電源充足的筆記型電腦。

其他還發生過停電等更誇張的狀況，共同點在於，只要備妥可以現場配發的紙本資料，無論發生什麼問題，簡報都能繼續進行。**因此，除了以投影片的諸多巧思來吸引觀眾目光，也要備妥紙本資料，才算是做足基本的現場防護措施。**

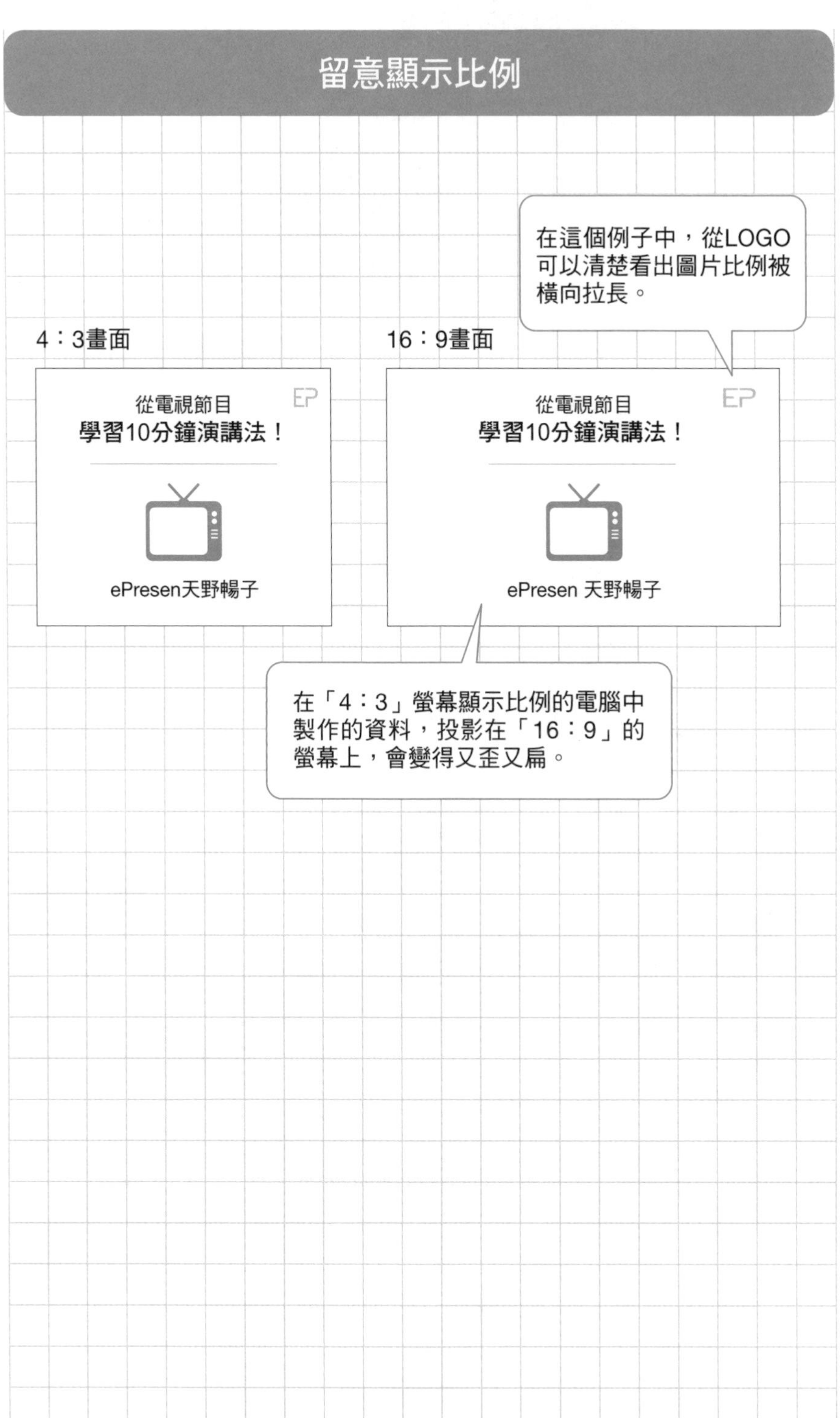
留意顯示比例
在這個例子中，從LOGO
可以清楚看出圖片比例被
橫向拉長。
4：3畫面
16：9畫面
從電視節目
學習10分鐘演講法！
ePresen天野暢子
從電視節目
學習10分鐘演講法！
ePresen 天野暢子
在「4：3」螢幕顯示比例的電腦中
製作的資料，投影在「16：9」的
螢幕上，會變得又歪又扁。

實戰 II

九個專家級案例分析，馬上派上用場！

在這個章節中介紹到的「實用資料案例」，可以透過以下的方法下載。

1 連結到下載的頁面！
http://www.j-n.co.jp/app/template/amano/

2 輸入ID和密碼！
User ID：jitsugyo
Password：ama_pre2014

3 選擇Word版本進行下載，簡單活用！

案例1　例行會議通知（Word）

2014 年 4 月 4 日
總公司業務部
山中昌弘

致各分店業務部長

5月份業務部例行會議通知

業務部即將召開五月例行會議，下列是會議資訊，懇請各分店業務部長出席與會。

相關資訊

■ 時間：5月23日（五）早上10點～下午3點

■ 地點：總公司7樓B會議室

■ 議題：1. 發表下半年度各分店的預估營業額。
　　　　2. 新年度招募應屆畢業生相關事宜。
　　　　3. 企業30週年紀念活動相關事宜。

■ 發表順序：從札幌分店開始，由北至南。

【其他注意事項】

(1) **請在5月19日（一）下午5點前，確認當日是否出席**，並直接回覆此信件。

(2) **發表用的檔案，請在5月20日（二）下午5點前**，以附件形式寄送給承辦人。附件的Excel檔案，請將檔案名稱變更為「英文分店名」（例：sapporo.xlsx）。

(3) 若有住宿需求，可申請由總公司負擔費用，請在回信中提出。

諮詢、回覆資訊
總公司業務部 山中
電子郵件 m-yamanaka@asuka-enj.co.jp
分機 3791

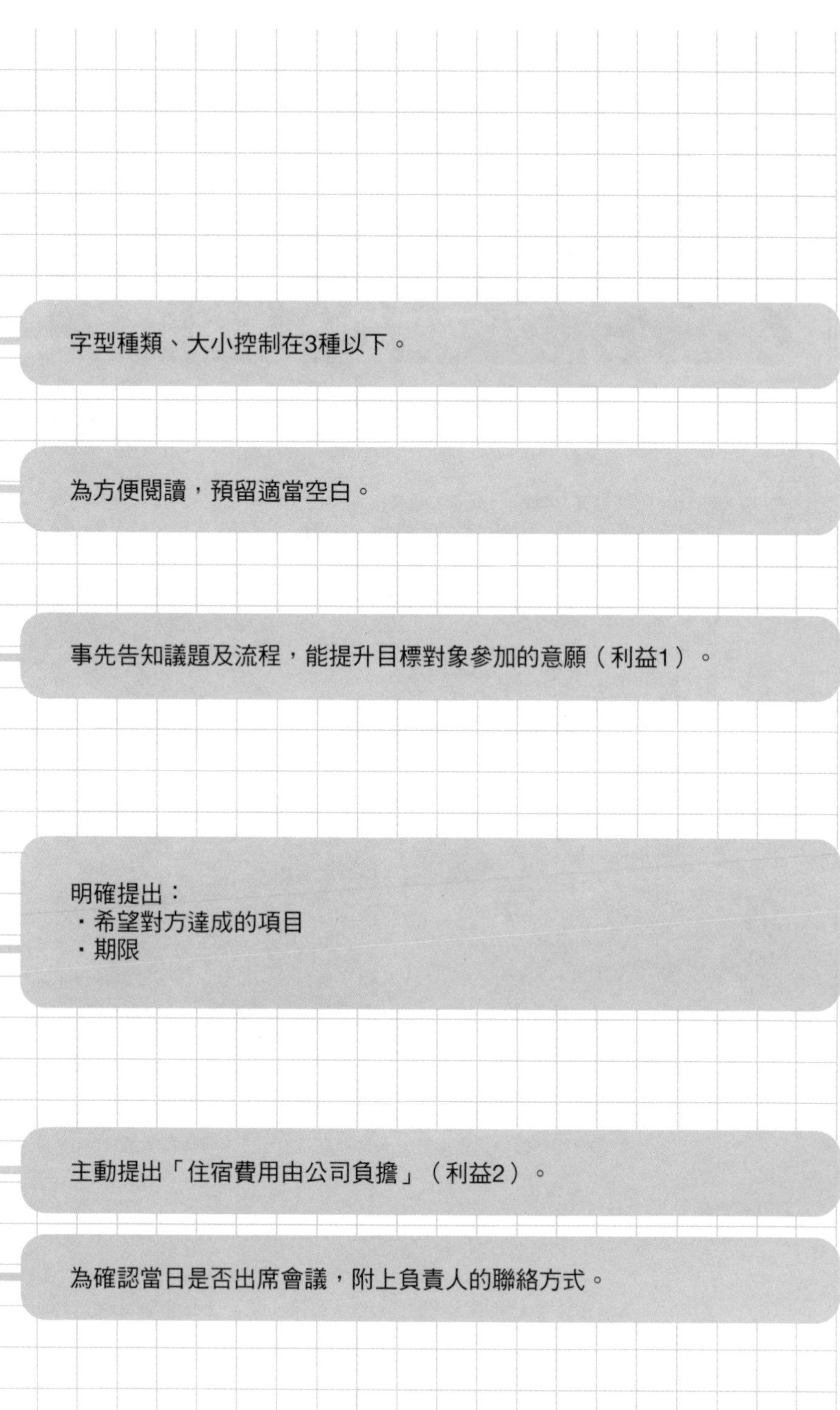
字型種類、大小控制在3種以下。
為方便閱讀，預留適當空白。
事先告知議題及流程，能提升目標對象參加的意願（利益1）。
明確提出：
・希望對方達成的項目
・期限
主動提出「住宿費用由公司負擔」（利益2）。
為確認當日是否出席會議，附上負責人的聯絡方式。

案例2　內部企劃、預算報告等直式企劃書（Word）

全新企劃！與23位新進員工的首度團隊合作

2015迎新聖誕派對

相關資訊

2014年9月3日
人事部研修課
朝日俊彥

在每年10月的報到程序過後，新進人員皆需在家中透過線上學習，自主研修2個月。在他們研修結束後，計畫舉辦一場迎新活動。雖然是首度在外租借場地，敬請參閱相關資訊，審慎考慮評估。

12月22日（一）15點～19點半

第一階段　15點～16點半　於總公司三樓禮堂
以現場遊戲方式進行團隊活動
第二階段　17點～19點半　於新宿「Italiano」
舉辦聖誕派對（Buffet交誼會）

⑴ 預算估計表

內容	單價	數量	小計	備註
餐廳	6,000	28	168,000	幹部3
餐點　4,000				現場工作人員2
飲料吧　2,000				新進員工23
收音設備			5,000	
投影機			3,000	
派對裝飾、相關道具			8,000	
準備費用			2,000	
小計			186,000	
消費稅			14,880	
合計			**200,880**	

派對會場照片

⑵ 活動預期成效

①藉由前導交誼及團隊合作活動，可縮短4月後的研修時間。
②在3月畢業之前，培養新進員工作為社會人士應具備的責任感。
③幹部有機會與新進員工面對面交談，建立良好團隊共識。

⑶ 後續計畫

預計在10月1日新進人員報到時，通知活動相關資訊，因此請在9月24日（三）17時之前完成決議。

人事部研修課　負責人：朝日俊彥（分機4563）　t.asahi@ted-e.co.jp

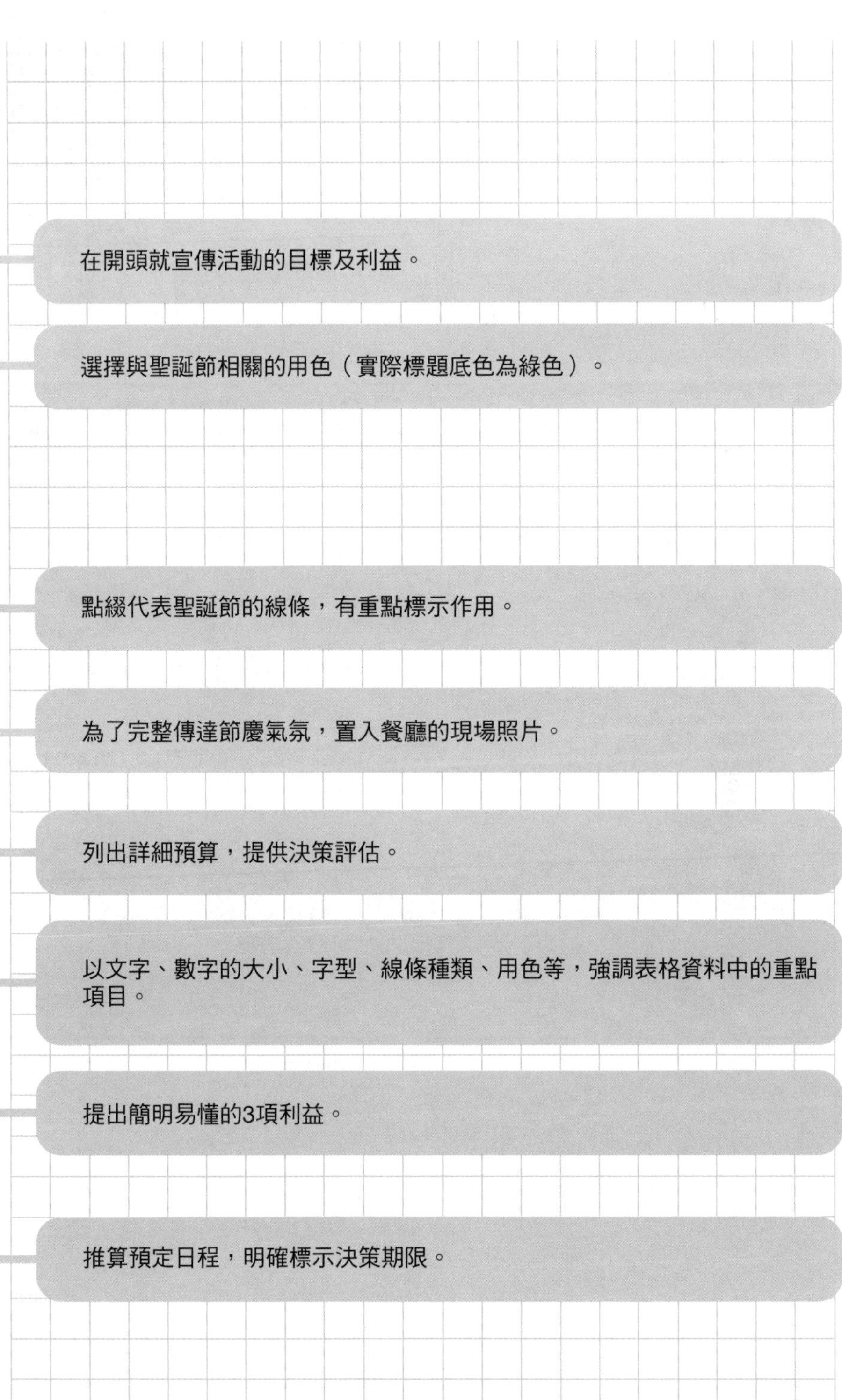
在開頭就宣傳活動的目標及利益。
選擇與聖誕節相關的用色（實際標題底色為綠色）。
點綴代表聖誕節的線條，有重點標示作用。
為了完整傳達節慶氣氛，置入餐廳的現場照片。
列出詳細預算，提供決策評估。
以文字、數字的大小、字型、線條種類、用色等，強調表格資料中的重點項目。
提出簡明易懂的3項利益。
推算預定日程，明確標示決策期限。

案例3　外部提案、企劃等橫式企劃書（PowerPoint）

2015豐中祭 舞台活動　**熱情森巴表演秀 企劃**　博通社股份有限公司 大阪分公司

豐中首例

首次活動，集客力↑

正統森巴舞者現場演出，預計可匯集超越去年1.5倍、近3, 000人次到場參加。

高注目度

樂團＆美女軍團

預計邀請淺草充滿爆發力的人氣樂團「Amazons」，以及穿著清涼的舞者助陣。

低預算

約45萬日圓

總計花費約45萬日圓。包含東京～大阪的大型巴士接駁費用（往年邀請演歌歌手，費用總計超過60萬日圓）。

■提案優惠價至3月15日為止
■午餐另行提供
■請盡早提出申請！

詳情請洽負責人員。

業務二課　星山
（06）1234-5678

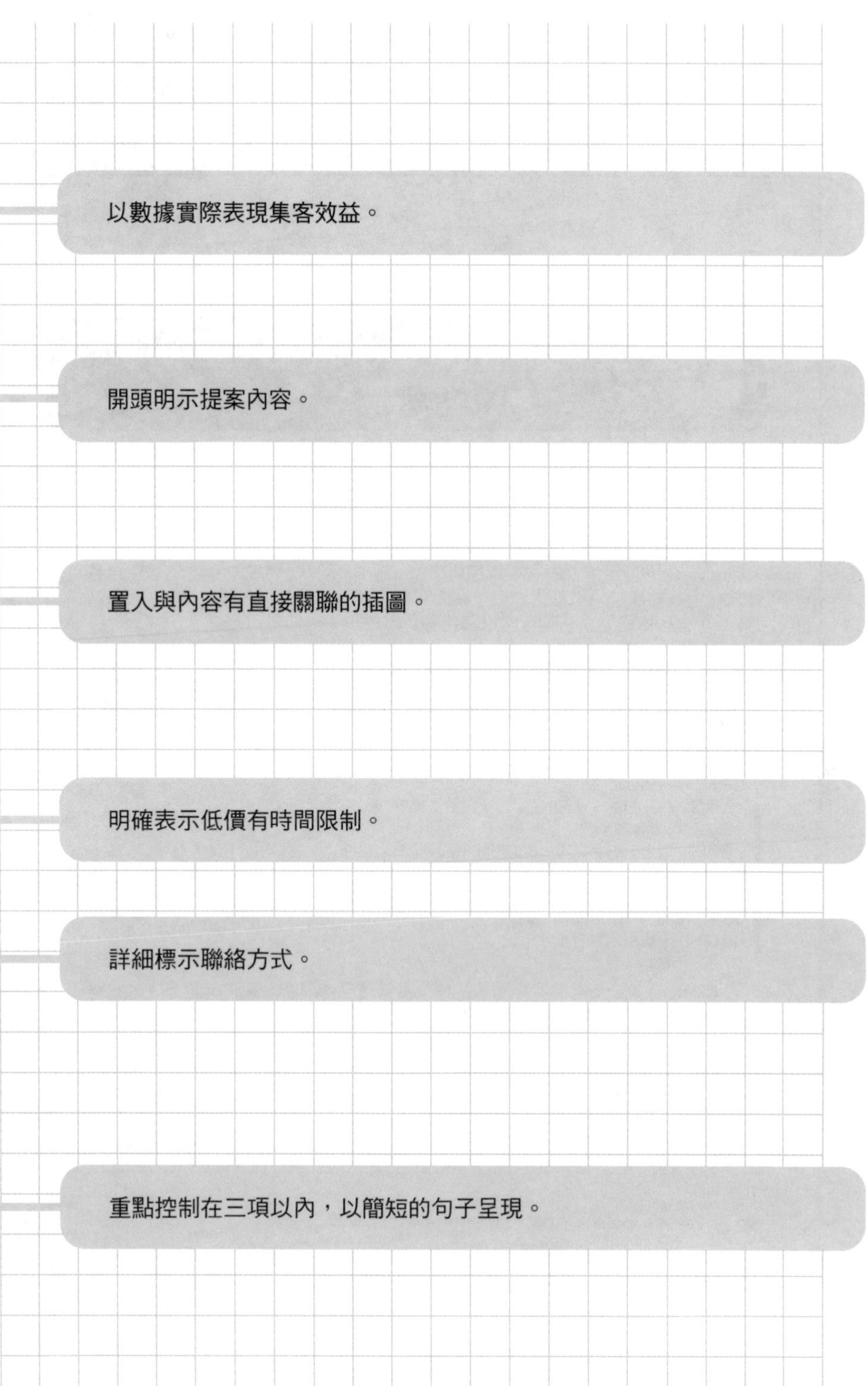
以數據實際表現集客效益。
開頭明示提案內容。
置入與內容有直接關聯的插圖。
明確表示低價有時間限制。
詳細標示聯絡方式。
重點控制在三項以內，以簡短的句子呈現。

日本電視台　報導處
新聞哥吉拉 山本雄二 先生

2014年9月12日（五）
Amina控股集團

9月19日 Fri

人氣品牌直營店IN GREEN PLAZA赤坂！名模雲集，隆重開幕！

活動採訪流程表

Amina

Amina Japan向世界進軍的國際旗艦店「Amina Tokyo」，將於本年度秋季在知名購物中心「GREEN PLAZA赤坂」盛大開幕。本月份將在「赤坂BLITZ」（Live House）先行舉辦開幕活動，當日請務必到場參訪。

Amina TOKYO 開幕宣傳活動

2014年9月19日（五）

■第一階段　名模走秀&特別LIVE（地點：赤坂BLITZ）
15:30　開放進場
16:30　Amina服裝秀
（演出：Angelina、YUKINA、玲奈、鈴木琉璃　等）
17:00　Amina Boys 特別LIVE
（演出：聖人、石井拓也、KOHEI）
17:40　演出者攝影、採訪時間

■第二階段　Amina Tokyo發表會
19:00　記者會&採訪時間
21:30　活動結束

聖人照片

Angelina 照片

赤坂BLITZ地圖

●Amina Tokyo為來場採訪的工作人員備有品牌服飾、配件等禮品。
●詳細資料將後續正式提供。

□出席　□缺席
請於其一打✓回傳

企業名：
媒體名：
代表者名：　　　　採訪人員：男性　人　女性　人（共計　人）
攜帶設備：□攝影機　□腳架（　具）
是否現場提問：
電話：　　　　mail：

詳情請洽
Amina控股集團　宣傳部　（03）1234-5678 info@amino.co.jp
●村田 murata@amino.co.jp（090）1234-5670　●河野 kawano@amino.co.jp　（090）1234-5672

攝影場所依申請順序安排，請及早確認是否出席！

■申請截止時間　2014年9月18日（四）17點■　**申請表回傳請傳真至：03-1234-5679**

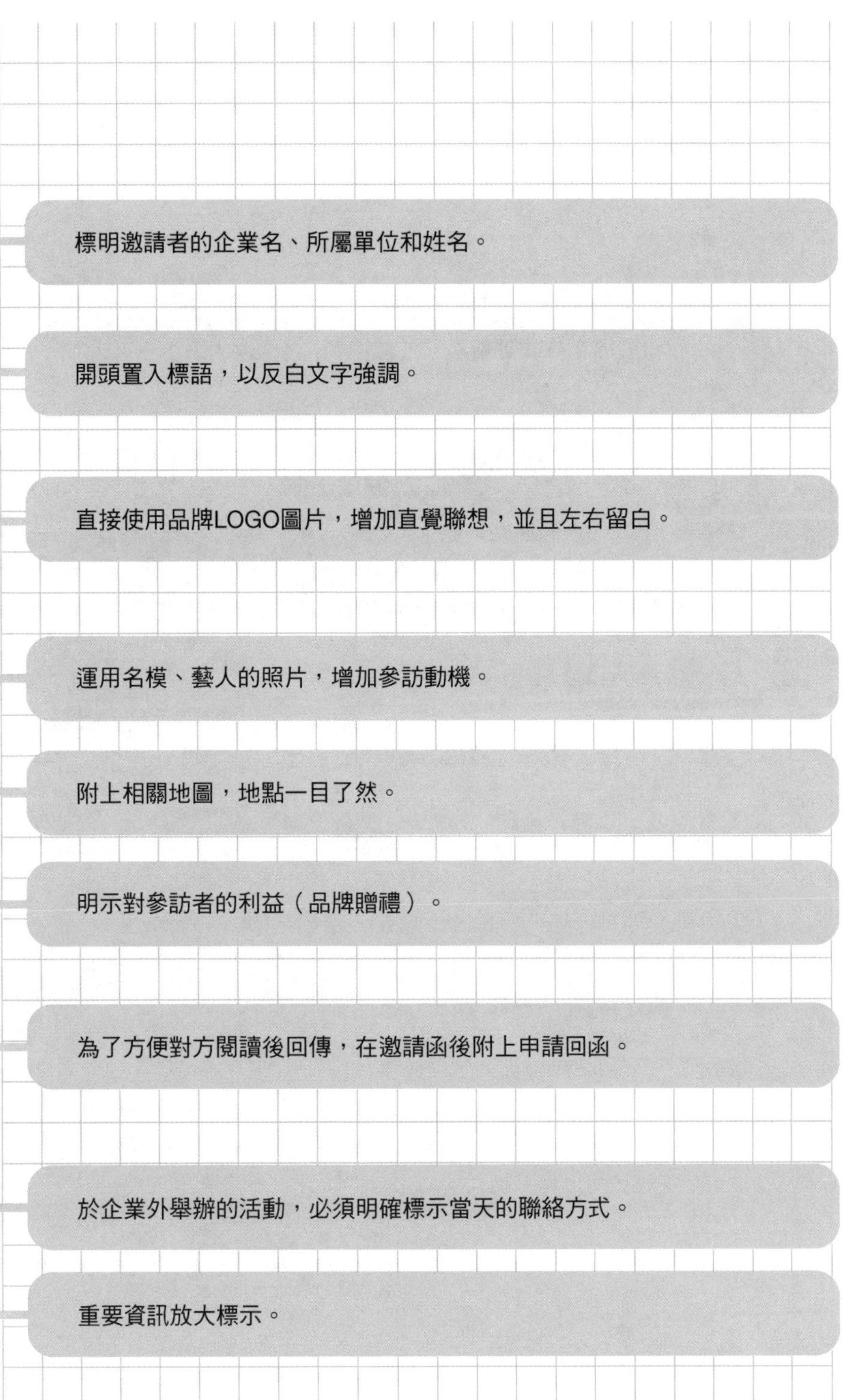
標明邀請者的企業名、所屬單位和姓名。
開頭置入標語，以反白文字強調。
直接使用品牌LOGO圖片，增加直覺聯想，並且左右留白。
運用名模、藝人的照片，增加參訪動機。
附上相關地圖，地點一目了然。
明示對參訪者的利益（品牌贈禮）。
為了方便對方閱讀後回傳，在邀請函後附上申請回函。
於企業外舉辦的活動，必須明確標示當天的聯絡方式。
重要資訊放大標示。

案例5　活動傳單（Word）

3個月，成功瘦下3～10kg！

新型態、新風潮！**「讚美減重法」**，讓妳瘦得輕鬆自在！

妳知道嗎？被帥哥稱讚，就能達到減重的效果……

帥哥 ✕ 讚美 ＝ **體重下降**

女性肥胖的最大原因，不外乎是因為心理壓力而攝取過量飲食。
為了防止過度的心理壓力，適度的讚美有助於提升身心的滿足。
新型態的讚美減重法正是由此而來。甚至有人靠這個方法，
3個月瘦下10kg！
韓系、傑尼斯系、上班族、壞壞大叔系……
妳希望被什麼樣的帥哥稱讚呢？

妳瘦下來漂亮了不少呢！

●特別推薦給有下列煩惱的妳●

☐ 討厭嚴格的飲食控管
☐ 希望受異性歡迎
☐ 不管怎麼瘦下來，都很容易復胖

依照您的實際目標，提供適合的讚美方式，協助控制體重

讚美減重法・教練

帆士沙由梨

自2003年起，經營美容沙龍Brugge。熟悉紋眉、淋巴瘦身等實務技術，現為減重諮詢師。為回應顧客的需求，發表「讚美減重法」，由帥哥提供讚美訊息，當面鼓勵的話語，讓不少女性成功達到減重目標。

免費體驗者募集 限定十名

公開徵求願意提供「心得感想」、「After／Before照片」的女性！

原價45,000日圓，現在特價**25,000日圓**！（限女性）

3個步驟，讓妳輕鬆減重！（讚美減重法的療程為3個月）

(1) 諮詢：了解想瘦下來的部位和目標體重。
(2) 讚美療程：從帥哥讚美的話語中獲得減重的動力，或不時收到打氣的訊息等。
(3) 測量追蹤：2週來一次店內實際測量追蹤，並進行諮詢及面對面療程。

申請截止時間　11月30日（日）18點。若報名人數額滿，有可能提早截止。

免費體驗

讚美減重法・教練　帆士沙由梨
美容沙龍Brugge 福岡縣久留米市諏訪野町1-2-3
手機：090-1234-5678
web：http://www.brugge-net.co

開頭標明實績數據。
標題使用與「美容」相關的纖細柔和字型。
運用圖形、關鍵字，抓住消費者的心。
使用線條、文字方塊，詳列資料內容。
標示定價，讓消費者感受到實際利益（優惠價）。
設定期限，促進申請動機。
以框線強調重要聯絡資訊。
從左上開始，右下結束的版面設計。

案例6　業務會議資料（Excel）

6月份　全國業務經理會議

總公司 教務課

6月目標：打造讓學生驚艷的教室！

議題
(1) 審查明年度預計招募學生人數
(2) 穩定95%在校率
(3) 各校招募預算的比率

2014年度 學生招募實績　　　　2014年5月30日統計

分校號碼	分校名	學生人數	4～12月詢問度	3月入校人數	入校率	現在		備註
						在校數	在校率	
08	H校	120	1,530	119	7.7%	117	97.5%	
13	M校	100	2,100	88	4.2%	88	88.0%	
15	O校	80	987	79	8.0%	78	97.5%	
01	A校	230	3,560	210	5.9%	206	89.6%	
03	C校	180	2,523	190	7.5%	185	102.8%	
02	B校	120	1,654	125	7.6%	122	101.7%	新設留學生名額
06	F校	160	1,890	156	8.3%	152	95.0%	
14	N校	150	2,001	140	7.0%	139	92.7%	
07	G校	150	2,050	100	[illegible]	99	66.0%	預定結束營運
04	D校	200	2,600	187	7.2%	[illegible]	[illegible]	
11	K校	80	986	75	7.6%	75	93.8%	
21	U校	70	978	50	5.1%	50	71.4%	
12	L校	90	1,020	64	6.3%	65	72.2%	
10	J校	130	1,560	98	6.3%	96	73.8%	
05	E校	210	2,960	198	6.7%	198	94.3%	
17	Q校	150	1,780	125	7.0%	124	82.7%	
19	S校	100	1,136	92	8.1%	91	91.0%	
16	P校	120	1,369	113	8.3%	112	93.3%	
09	I校	150	1,896	136	7.2%	135	90.0%	
20	T校	50	630	40	6.3%	49	98.0%	
18	R校	50	230	35	15.2%	35	70.0%	2013年開始營運
		2,690	35,440	2,419	6.8%	2,403	89.3%	

具有市中心的2間分校維持在校率

史上最低

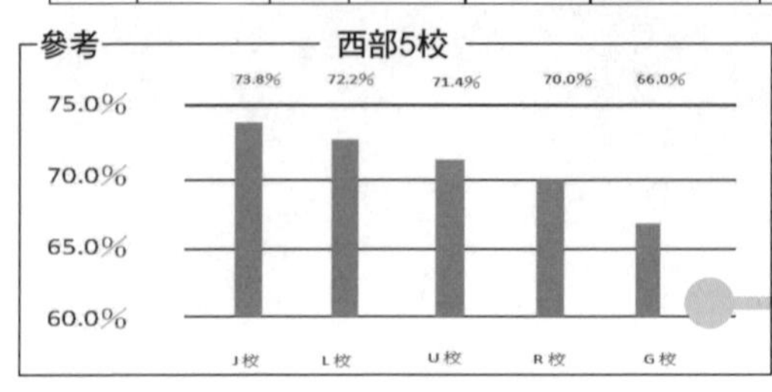

各校的聯絡事項

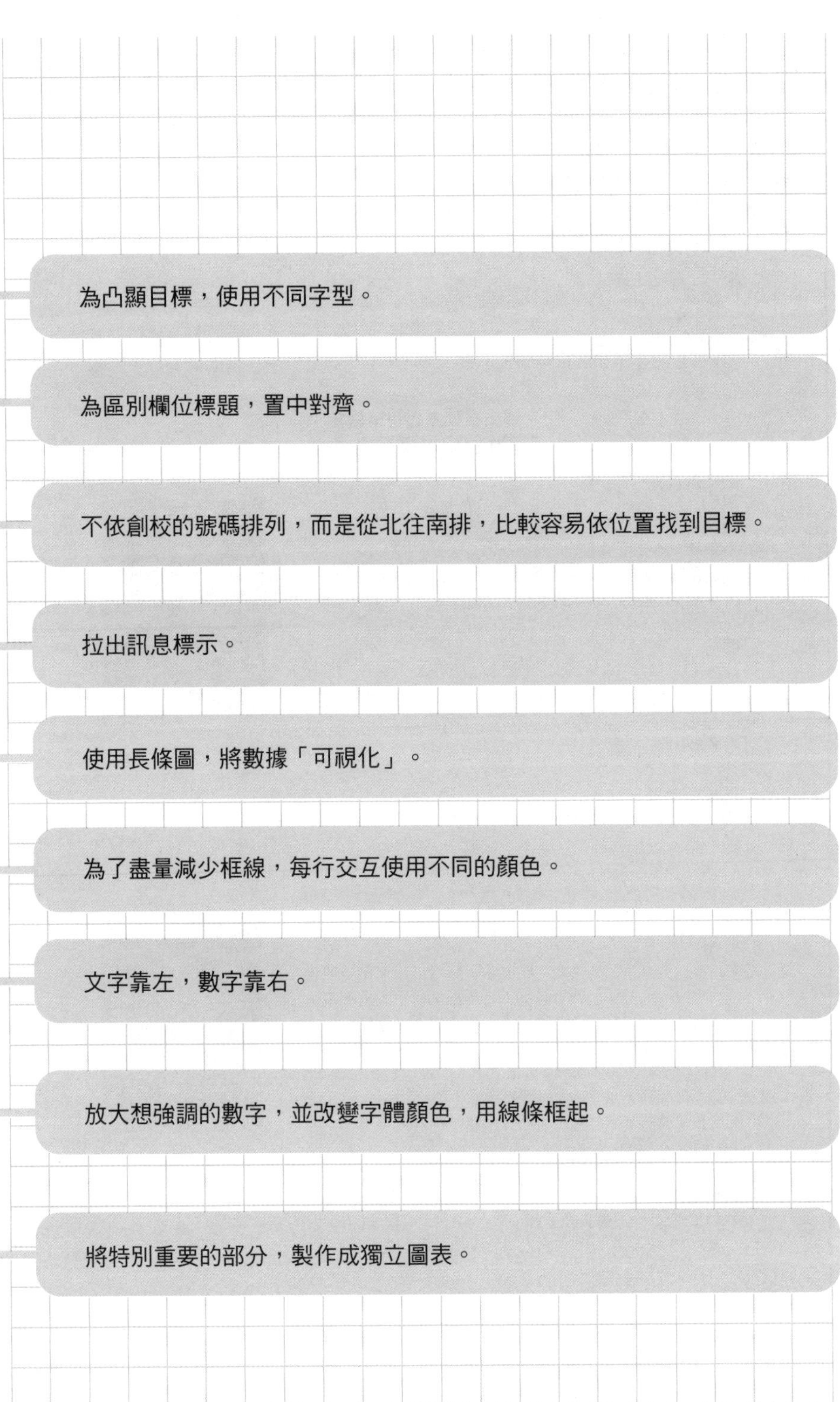
為凸顯目標，使用不同字型。
為區別欄位標題，置中對齊。
不依創校的號碼排列，而是從北往南排，比較容易依位置找到目標。
拉出訊息標示。
使用長條圖，將數據「可視化」。
為了盡量減少框線，每行交互使用不同的顏色。
文字靠左，數字靠右。
放大想強調的數字，並改變字體顏色，用線條框起。
將特別重要的部分，製作成獨立圖表。

案例7　視察報告書（Word）

2014年12月5日
總務部人事課
花岡駿佑

那須事務中心視察報告
急需補充2位夜勤人員！

1. 目的

⑴ 由於近半年事務中心的離職率暴增，
　與管理者和現場工作人員進行會談。
⑵ 確認班表及打卡機制是否完善。
⑶ 了解員工在休息時間的狀況。

2. 時間

2014年12月2日（二）～3日（三）

3. 同行者

人事課 山口

4. 已確認事項

⑴ 管理者本身相當疲憊，兼職人員更為了無法休假而心生不滿。
⑵ 在班表上，兼職夜勤員工人手不足時，就由正職員工（管理職）代班，造成後者只有月休1～2天。
⑶ 休息時間實際上只有20分鐘不到，員工幾乎都只能吃零食，滑手機。

5. 感想

慢性人手不足的問題，主要由正職員工來補足兼職人員的空缺，由於休假嚴重時間不足，員工自然容易離職。特別是夜間的業務本來需要15人，現在每天只能排到12人（正職人員每天協助排班的情況下）。

目前已經透過傳單派報的方式徵人，但以日間時薪750日圓，夜間時薪800日圓的價格，幾乎沒有幾個人前來應徵。希望透過總公司補助，將夜間時薪提升至首都圈中間水平的薪資，以利大量招募。

休息室

6. 附加資料

⑴ 12月班表、1月班表計畫。
⑵ 與3位正職人員、8位兼職人員的會談紀錄（匿名）。

以上

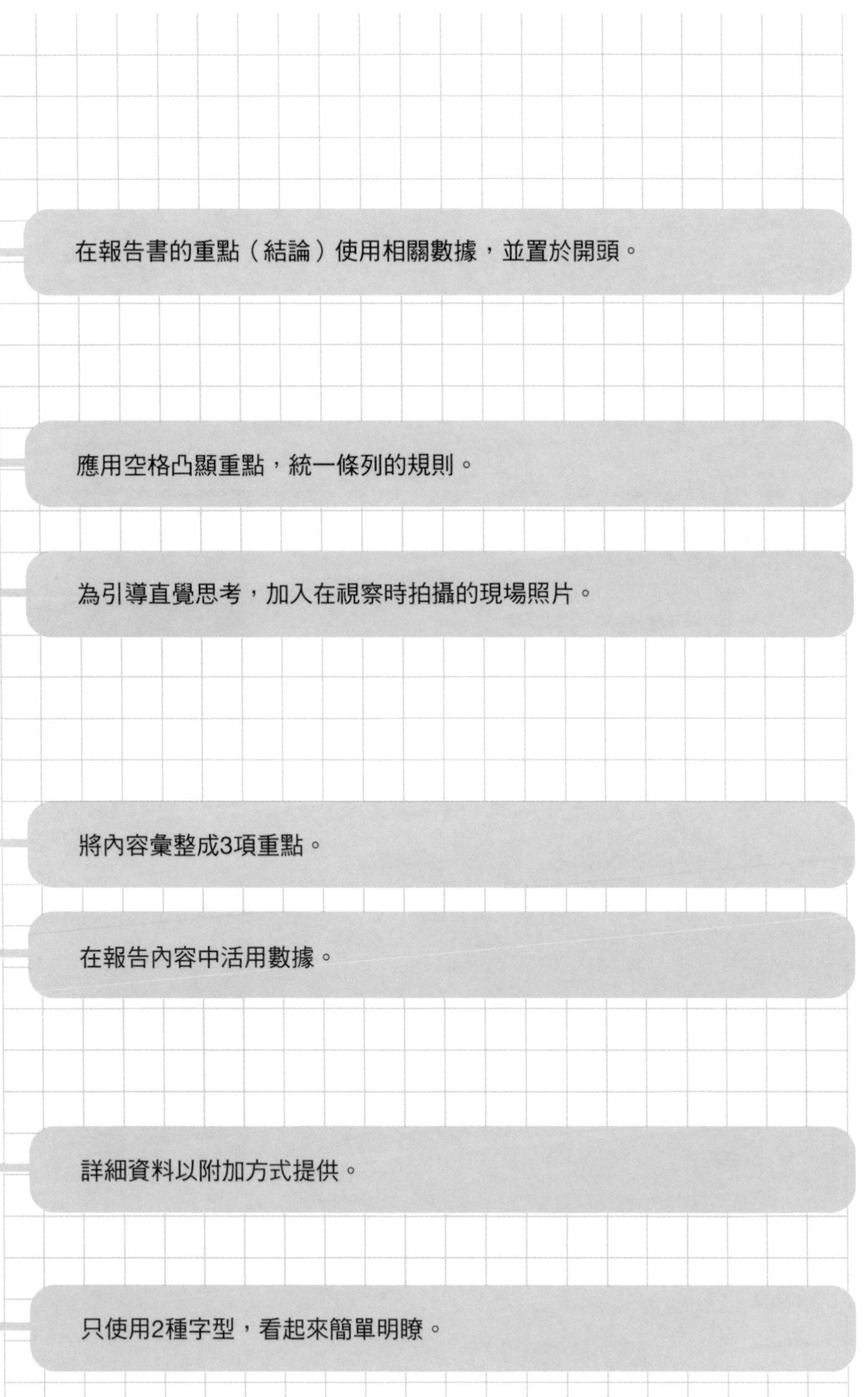
在報告書的重點（結論）使用相關數據，並置於開頭。
應用空格凸顯重點，統一條列的規則。
為引導直覺思考，加入在視察時拍攝的現場照片。
將內容彙整成3項重點。
在報告內容中活用數據。
詳細資料以附加方式提供。
只使用2種字型，看起來簡單明瞭。

案例8　應徵、專案負責人的職務經歷書（Word）

應徵「台灣分店專案計畫」總經理

2014年12月1日
隸屬：ABC餐廳
員工號碼：9812003
鈴木大輔

職務經歷書

● **我的3項優點**

在發展亞洲區新事業的經驗中，
我可以發揮以下個人所長。

- 使用多國語言的臨機應變能力
- 理解當地員工想法的溝通能力
- 活用過去經驗，考量在地化工作規章

上半身　照片

1. 進入公司後的職務經歷

年	
1998	加入日之丸商事股份有限公司
1998	任職於亞洲事業部 韓國業務2課
2000	升職為亞洲事業部主任
2003	升職為新設立之韓國業務3課課長
2006	首爾法人 副社長
2010	歸國，任韓國業務1課 課長
2012	任職於台資ABC餐廳（負責日本顧客）
2014	於同餐廳擔任部門經理

2. 語言能力

韓文 商務會談程度
英文 TOEIC830分
中文 日常會話程度（自2013年開始學習）

頒獎儀式時的照片

3. 獲獎

2008年 獲日韓文化交流協會頒發「貿易功勞獎」

用框線標明應徵職缺。

明確提供企業內部聯絡方式。

將優點整理成3項，進行自我推薦。

放上清晰的臉部照片，使對方留下印象。

使用無框線表格，整理欲傳遞的訊息。

以照片增添獲獎的真實感。

以單行文字簡單敘述技能程度。

運用空格的條列式手法，讓版面更容易閱讀。

案例9　專案企劃書（PowerPoint）

封面
- ●從封面就對提案內容一目了然。
- ●放上圖片，讓人直覺聯想內容。
- ●明確標示製作者的企業名稱、姓名。

第1頁
- ●丟出「為什麼？」的議題，以圖解進行說明。
- ●圖解也以主題色調呈現。
- ●從正午位置開始，順時針循環。

第2頁
- ●以圖表介紹主要數據。
- ●上半部使用重點數據引導。
- ●解決方法於下半部提出。

第3頁
- ●以中央單行文字清楚提示提案內容。
- ●使用可讓人聯想到廣島縣產品的插圖。
- ●以數據介紹製作物的規格。

第4頁
- ●以圖解明確指出提案內容的利益。
- ●除了商務利益，也具備社會意義。

第5頁
- ●明示決策關鍵——預算。
- ●詳細估價單可個別提出。
- ●將重點合計金額的字體放大顯示，顏色改為紅色。

第6頁
- ●將行程表「可視化」。
- ●同時提出決策的期限及原因。
- ●提出政府機關方面的年度執行計畫。

第7頁
- ●為了確實得到答覆，標明聯絡方式。
- ●依序列出方便連絡的相關資訊。
- ●有時不方便直接輸入URL，也附註搜尋關鍵字。

第8頁
- ●以提升期待感的訊息作為結束。
- ●置入與資料整體有所關聯的圖片。

封面

廣島縣　縣民

為小學5年級生
製作「廣島物產教科書」之提案

2014年7月1日

莉谷印刷股份有限公司企劃部
齊藤七海

第1頁

● 為什麼在縣內超市中，廣島產的食材特別少？

廣島物產教科書

縣內食材較少
認知度較低
不知道烹飪方法
不知道吃法
縣內食材賣不掉

持續惡性循環。

1

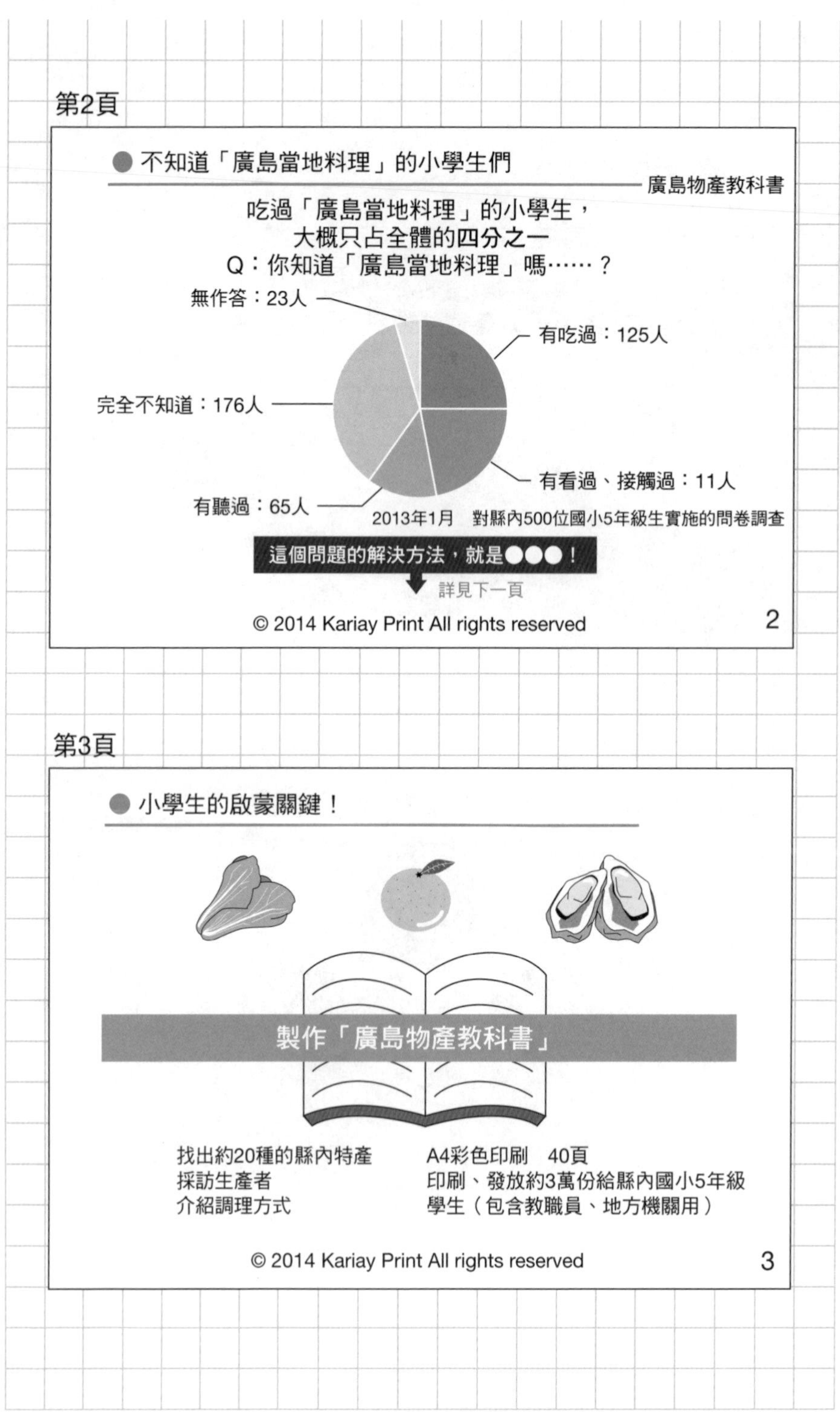
第2頁
不知道「廣島當地料理」的小學生們
廣島物產教科書
吃過「廣島當地料理」的小學生，
大概只占全體的四分之一
Q：你知道「廣島當地料理」嗎……？
無作答：23人
有吃過：125人
完全不知道：176人
有看過、接觸過：11人
有聽過：65人
2013年1月　對縣內500位國小5年級生實施的問卷調查
這個問題的解決方法，就是●●●！
詳見下一頁
© 2014 Kariay Print All rights reserved
2
第3頁
小學生的啟蒙關鍵！
製作「廣島物產教科書」
找出約20種的縣內特產
採訪生產者
介紹調理方式
A4彩色印刷　40頁
印刷、發放約3萬份給縣內國小5年級
學生（包含教職員、地方機關用）
© 2014 Kariay Print All rights reserved
3

第4頁

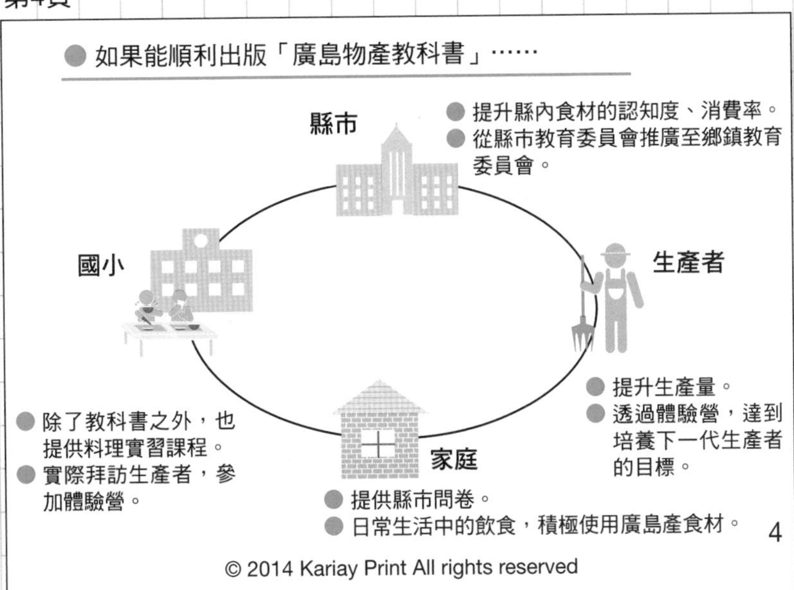

如果能順利出版「廣島物產教科書」……
縣市
提升縣內食材的認知度、消費率。
從縣市教育委員會推廣至鄉鎮教育委員會。
國小
生產者
提升生產量。
透過體驗營，達到培養下一代生產者的目標。
除了教科書之外，也提供料理實習課程。
實際拜訪生產者，參加體驗營。
家庭
提供縣市問卷。
日常生活中的飲食，積極使用廣島產食材。
4
© 2014 Kariay Print All rights reserved

第5頁

預算案

概算約 **600** 萬日圓

費用項目	內容	數量	金額（日圓）	備註
綜合企劃費	事務所營業費用		1,000,000	
採訪費用	採訪20個地點		1,200,000	
	（包括導播、編輯、攝影師等等）			
綜合經費	雜費		500,000	
	製作名片			事務用品等
	交通費、加油費			
	謝禮			教授等協助人員
	預備費用		200,000	
Web	活動網頁製作費		800,000	不包含伺服器租賃費
製作	編輯～校正		450,000	
	排版		300,000	
印刷費	教科書　印刷	30,000	450,000	
	配送（宅急便）		150,000	
		小計	5,050,000	
推動補助費	約整體的10%		505,000	
		計	5,555,000	
消費稅			444,400	
	總計		5,999,400	

※細項估價單個別提出

5

第6頁

● 排程提案

10月展開企劃，可以在隔年4月提供給5年級生閱讀

10月	11月	12	1月	2月	3月	備註
確認整體計畫 生產者問卷調查						
	統計問卷內容 採訪、攝影					
		編輯 完成初步校稿				
			向相關人士 確認修正原稿			
				校稿完成、 印刷準備配送		
					配送 提供諮詢	各校學生實 際拜訪生產者

為了配合明年度的預計行程，
請務必在**8月底之前**確認回覆。

 6

第7頁

● 相關問題請洽

荊谷印刷股份有限公司企劃部

齊藤七海

電子郵件　saito@kariya.print.co.jp

電話　（082）123-4567

〒730-0001　廣島市中區立町1-2-3立町PLAZA大樓6樓

http://www.kariya.p int.co.jp

廣島　荊谷　搜尋

 7

第8頁

● 負責人　齊藤敬上

靜候佳音

　8

製作資料的確認項目「6W2H」

				✓	✓	✓	✓	✓
1	What	要做什麼？	為了達成決策目標，絕對必須傳達的訊息是？					
2	Who	由誰執行？	使用資料的是自己或他人？ 是否掌握個人風格？					
3	When	到何時為止？	在〇日的〇時之前？					
4	Where	地點在哪裡？	資料只是展示？ 還是會讓對方帶回去？					
5	Why	為什麼這麼做？	製作這份資料的目的是什麼？					
6	Whom	目標對象是誰？	對方有哪些特徵與習慣？					
1	How	如何執行？	以紙本資料或檔案資料呈現？					
2	How much	花費多少錢？	是否考量到金額、成本？					

製作資料的6個步驟

		✓	✓	✓	✓	✓
1	規劃資料格式！					
2	決定內容架構！					
3	編寫內文！					
4	調整視覺效果！					
5	編輯資料內容！					
6	最終確認！					

Note

為了讓提案通過，立刻鍛鍊簡報資料力

➔ 爭取決策機會，分秒必爭

首先，非常感謝你閱讀完本書。在此，我想分享自己經手過的資料量與速度方面的經驗。

以前在負責商業印刷的校正工作時，一天要審閱約報紙大小的4面，一共約50張（種）的家電量販店傳單。由於根本沒空逐字閱讀，只好像隨手翻閱一樣，大致瀏覽傳單的內容。

我擔任電視台新聞節目的校閱人員時，也以同樣方式拿著製作字幕的手寫原稿，在現場2小時的LIVE節目中，確認完700張的內容。這對一般人來說，應該是難以閱讀的速度。

之後，我也以同樣翻閱標準，來審核、選擇經手的資料。**以秒為單位來判斷「〇×」、「好壞」、「能不能用」**。

也就是說，依據不同場合，有決定權的人可能是用難以想像的速度去審視大量資料，並且下判斷。當然，並非所有資料都必須在如此短時間內做出判斷，但習慣閱讀、選擇的專業人士，還是能從錯誤、漏字中感受內容的整合度與好壞。

在製作資料時必須了解，決策者可能就是以這種速度進行判斷、決定事務。不要一廂情願地認為：「我那麼努力做出的資料，對方一定會看完，並了解其中的重點。」

畢竟在時間不足的情況下，對方可能連好好看過一遍的時間都沒有。所以，就變成**以「促使對方閱讀」為最優先事項**，接著才思考，**為了讓提案「通過」，具體來說該怎麼做？**這也是本書最想強調的概念。

→ 嘗試過各種錯誤的集大成

現在被稱為資料製作專家的我，在初出社會時，還是個連企劃書、報告書和所有商務資料都不會寫的小毛頭；在學校最多也只學到履歷表的寫法而已。

所以，一開始我買了不少資料製作相關的書籍，一步一步學著做。不知不覺中，也多了不少機會接觸其他人的製作資料。我發現自己開始會想：「這份資料怎麼全是字！」或「如果這邊能畫條線，看起來就整齊清爽多了。」

一份真正專業的資料，有時必須在大企業、大專案中進行分工，更鉅細靡遺地執行每一個步驟。或許我只是負責寫文章、整理資料，圖表的部分由更專業的設計者加工，完成精簡又美觀的排版。有一次，我看著完成的資料，忽然心想：「原來這樣的內容，就能獲得對方的直覺認同！」

因此，我逐漸將其中的某些技巧，應用在自己製作的資料上，也透過觀摩其他資料而收穫良多。不斷重複這個過程，才慢慢確立自己的風格。

閱讀這本書的你，沒有必要再像我一樣繞遠路了。我所吸收到的所有資料製作技巧，都集結在本書中，請務必在閱讀過後，實際嘗試製作出具有自我風格的資料。

→ 用心製作資料，掌握決策者的心

本書雖然是談論製作資料的書籍，但也不僅止於傳授相關編輯知識。或許你的目標，就可以藉由「資料」這項工具而達成。在這過程中，請記得透過GHOUS（Goal、Hospitality、Originality、 Usability、Simple）的程序了解對方，分析什麼樣的表達方式才能夠打動他的心，這也適用於所有溝通技巧上。**在製作資料的過程中，只要用心，就同時能建立良好的人際關係。**

當缺乏寫作點子時，我也從朋友那裡獲得了許多建議。其他包括排版、插圖、裝訂、販售和物流等事項，在此感謝所有提供本書相關協助的人們，謝謝各位。

我個人也是透過GHOUS的程序，寫出這本書的企劃案，因而打動編輯這位決策者的心，並在出版社的企劃會議上再度贏得青睞，抵達出版本書的最終目標。

我想，無論是製作資料的初學者或專家，為了獲得想爭取的目標，用心研究並想更加精進的心情都是一樣的。

接下來就是你靠資料的力量，實現願望的時候了。願本書能夠助你一臂之力，順利抵達心中的理想目標。

國家圖書館出版品預行編目（CIP）資料

簡報的藝術：留白・空格・用色，讓視覺效果極大化的 100 個製作技巧！
／天野暢子著；林佑純譯. – 三版. -- 新北市：大樂文化有限公司，2023.02
208 面；17×23 公分. --（優渥叢書 Business；77）
譯自：プレゼンは資料作りで決まる!：意思決定を引き寄せる6つのステップ
ISBN 978-986-5564-29-2（平裝）
1. 簡報
494.6　　110008339

Business 077

簡報的藝術（復刻版）

留白・空格・用色，讓視覺效果極大化的 100 個製作技巧！

（原書名：簡報的藝術）

作　　者／天野暢子
譯　　者／林佑純
封面設計／蕭壽佳
內頁排版／思　思
責任編輯／林宥彤
主　　編／皮海屏
發行專員／鄭羽希
財務經理／陳碧蘭
發行經理／高世權、呂和儒
總編輯、總經理／蔡連壽
出 版 者／大樂文化有限公司（優渥誌）
　　地址：新北市板橋區文化路一段 268 號 18 樓之 1
　　電話：（02）2258-3656
　　傳真：（02）2258-36606
　　詢問購書相關資訊請洽：2258-3656
　　郵政劃撥帳號／50211045　戶名／大樂文化有限公司

香港發行／豐達出版發行有限公司
地址：香港柴灣永泰道 70 號柴灣工業城 2 期 1805 室
電話：852-2172 6513　傳真：852-2172 4355

法律顧問／第一國際法律事務所余淑杏律師
印　　刷／韋懋實業有限公司

出版日期／2016 年 6 月 6 日初版
　　2023 年 2 月 6 日復刻版
定　　價／320元　（缺頁或損毀的書，請寄回更換）
I S B N　978-986-5564-29-2